INSA THIELE-EICH & GERHARD THIELE
mit Deborah Weinbuch

ASTRONAUTEN

INSA THIELE-EICH & GERHARD THIELE
mit Deborah Weinbuch

ASTRONAUTEN

EINE FAMILIENGESCHICHTE

KOMPLETTMEDIA

Originalausgabe

1. Auflage 2018
Verlag Komplett-Media GmbH
2018, München/Grünwald
www.komplett-media.de
ISBN: 978-3-8312-0472-4
Auch als E-Book erhältlich

Konzept und Umsetzung: Deborah Weinbuch
Lektorat: Redaktionsbüro Diana Napolitano, Augsburg
Korrektorat: Redaktionsbüro Julia Feldbaum, Augsburg
Illustrationen: Justo Polido
Credit Cover und Klappe: aschoffotografie.de
Umschlaggestaltung: HAUPTMANN & KOMPANIE Werbeagentur, Zürich
Satz: Daniel Förster, Belgern
Druck & Bindung: COULEURS Print & More, Köln
Printed in EU

Inhalt

Ad astra – zu den Sternen!

Einleitung

Wie der Vater,
so die Tochter?

»Mein Name ist Insa Thiele-Eich, und ich möchte Deutschlands erste Astronautin werden.« So verabschiedet sich die 35-jährige Meteorologin und Zweifach-Mama in ihrem Vorstellungsvideo auf YouTube. Die Floskel ist vorgegeben, alle Finalistinnen müssen sie sagen. Auch wenn sie an die diktierten Sätze bestimmter Castingshows erinnert, handelt es sich hierbei nicht um ein Medienevent, auch wenn das strenge Auswahlverfahren und harte Training der Frauen gern medial begleitet wird.

»Die Astronautin«, initiiert von Raumfahrtingenieurin Claudia Kessler, möchte die erste deutsche Frau ins All bringen. Denn insgesamt waren bereits 60 Frauen verschiedener Nationalitäten oben. Und obgleich Deutschland innerhalb Europas mit elf Astronauten die stärkste Raumfahrtnation ist, hat es bisher – trotz Bewerbungen – keine Frau in ihre Reihen geschafft. Tatsächlich begegnen Anwärterinnen auf der Fahrt ins All hierzulande Sätze, die beispielsweise in den USA undenkbar wären: »Wie, eine Frau kann das auch?« Dabei haben in den 80ern sogar schon zwei Frauen als Raumfahrtanwärterinnen trainiert: Renate Brümmer und Heike Walpot.

Mit Brillengestell aus Tiroler Holz auf der Nase und langen blonden Haaren ist die zierliche Insa vermutlich die größte Antithese zum Phantom des Astronauten-Alphamännchens, das immer noch durch die Köpfe ewig Gestriger schwebt. Ihre fünf- und siebenjährigen Töchter sitzen auf ihrem Schoß, wuseln um sie herum, haben ganz eigene Ideen, wo es nun langgehen soll. Geht Mama auf Reisen, begleiten sie jeweils zwei von den Mädchen ausgewählte Kuscheltiere, die dann am Zielort posieren und per WhatsApp das heimische Sofa wieder erreichen.

Doch wie kommt die ruhige Wissenschaftlerin mit der Tendenz, sehr schnell zu sprechen, dazu, jetzt eine der letzten gläsernen Decken Deutschlands zu durchbrechen, noch dazu mit Raketenantrieb?

Ihr Vater, Gerhard Thiele, umkreiste bereits im Jahr 2000 die Erde in dem Space Shuttle Endeavour und kartografierte dabei 80 Prozent der Landmasse in 3-D. Die Daten werden unter anderem für die Flugnavigation normaler Flugzeuge genutzt, für Funkwellenberechnungen – und von Insa in ihrer Promotionsarbeit über die Auswirkungen des Klimawandels in Bangladesch. Was hat sie sonst noch von ihm bekommen? Charakterzüge, besondere Fähigkeiten, etwa Tipps für das Auswahlverfahren? Nun ja. Die Fähigkeit, Sachverhalte punktgenau zu durchleuchten, scheint beiden naturgegeben. Der analytische Geist ist stark in beiden. Ansonsten prallen sie aber mit ihrer unterschiedlichen Art auch oft aufeinander, was sie feingeistig und liebevoll wieder ausgleichen. Einen praktischen Tipp von Papa gab es für den Abend vor den Tests: »Sieh zu, dass du eine ordentliche Mütze Schlaf kriegst.« Und: »Stay calm and have fun!«

Gerhard Thiele hatte seinen Raumfahrtkollegen im Auswahlkomitee für »Die Astronautin« bewusst nicht erzählt, dass seine Tochter unter den Bewerberinnen für dieses Projekt ist, um eine mögliche Bevorzugung zu vermeiden. Und ihr zu sagen, auf was sie bei den Tests zu achten habe, »hätte sie nur von der Aufgabe abgelenkt«, weshalb er komplett darauf verzichtete. Dennoch ist sein prägender Einfluss auf Insa nicht von der Hand zu weisen, wuchs sie doch durch ihn in der »Raumfahrtszene« auf, verdiente sich als Babysitterin für Kinder der NASA-Astronautinnen ein Taschengeld dazu. Kann ich Mutter sein und gleichzeitig Astronautin? Diese Frage hat sich für die junge Insa nie gestellt.

Wie Insa ihren Weg geht, wie zuvor ihr Vater und wie diese beiden Astronauten ticken, das erfahren Sie in diesem Buch. Beider größter Wunsch ist es, die Bevölkerung in Deutschland und besonders junge Frauen zu inspirieren, sich aktiv in Naturwissenschaften, Forschung und der Raumfahrt einzubringen. Momentan stellt es ein großes Event dar, dass 2020 endlich auch eine deutsche Frau ins Weltall kommen könnte. Die Hoffnung aller Beteiligten: dass so etwas in zehn bis 20 Jahren vollkommen normal sein wird.

Die Astronautin – Erste deutsche Frau im All?

Gleichberechtigung im All

INSA THIELE-EICH

- Geboren am 21. April 1983 in Heidelberg
- Verbrachte Teile ihrer Kindheit und Jugend in den USA, wo ihr Vater Gerhard Thiele für die ESA ins All flog und für die NASA arbeitete.
- Ist Meteorologin an der Universität Bonn und promovierte über die Auswirkungen des Klimawandels auf Bangladesch, mit speziellem Fokus auf Überschwemmungen.
- Ist verheiratet und steht bei Erscheinen dieses Buches kurz vor der Geburt ihres dritten Kindes.

 Mir wäre es lieber, wenn ich die hundertste deutsche Frau im All wäre – und nicht die erste. Weil es bedeuten würde, dass wir über die Frage, ob eine Frau das überhaupt kann, gar nicht mehr diskutieren müssten. Ich verstehe sowieso nicht, warum wir das tun. Es ist nun bereits mehr als ein halbes Jahrhundert her, seit die Sowjetunion eine Frau ins All schickte, und mehr als 30 Jahre, seit die NASA nachgezogen hat.

Der erste Mensch im All war 1961 der sowjetische Kosmonaut Juri Gagarin. Schon zwei Jahre später flog allerdings Walentina Tereschkowa in die Erdumlaufbahn. Seither sind rund 550 Menschen im All gewesen. Davon zwar nur 60 Frauen, aber die Frage, ob das weibliche Geschlecht dazu in der Lage wäre, stellt sich nun wirklich nicht. Allerdings ist dieser Umstand in Deutschland relativ unbekannt. Tatsächlich werde ich immer noch direkt gefragt: »Wie, können Frauen das auch?« Unter anderem mag das daran liegen, dass zwar schon elf deutsche Männer im All waren – der zehnte war mein Vater –, aber noch keine einzige deutsche Frau. Auch gesamteuropäisch ist das Verhältnis gelinde gesagt unausgewogen. Die Astronautinnen aus Italien, Großbritannien oder Frankreich kann man an einer Hand abzählen: Aus jedem Land gab es exakt eine.

Deutschland ist eine Wissenschafts-, mehr noch eine Wissenschaftsexportnation. Dass wir noch keine Frau in den Weltraum entsendet haben, wirkt unter diesen Umständen eigentlich untragbar. Die Forschung im Weltall liefert uns Erkenntnisse darüber, wie es sein wird, wenn wir uns irgendwann von unserem Planeten hier verabschieden – kurzfristig oder dauerhaft. Dann werden sich mit an Sicherheit grenzender Wahrscheinlichkeit Männer UND Frauen an Bord befinden. Momentan ist aber besonders in Europa die Datenlage zum weiblichen Körper mehr als überschaubar. Hier müssen wir also aktiv Wissenschaft betreiben – und das geht nur mit Frauen im All. Daneben lassen sich in gemischten Teams auch ganz banale Fragen leichter klären, wer beispielsweise die letzten m&ms gegessen hat – ohne die anderen zu fragen. Das wurde in mehreren Kommunikationsstudien, beispielsweise seitens der NASA, festgestellt.

Es ist nicht so, als ob die European Space Agency (ESA) Frauen prinzipiell ablehnen oder aktiv benachteiligen würde. Aber die Ausschreibungen für das Astronautenkorps finden sehr selten statt: Die letzte war 2008, wann die nächste stattfinden wird, ist unbekannt – wohl kaum vor 2020. 2016 rief deshalb die Luft- und Raumfahrtingenieurin Claudia Kessler die Privatinitiative »Die Astronautin« ins Leben. Ich las davon bei Spiegel Online und dachte: »Endlich! Das ist meine Chance.« Sofort begann ich, meine Unterlagen zusammenzusuchen. Nach vielen Überarbeitungen schickte ich vier Stunden vor Bewerbungsschluss meinen Lebenslauf, ein Anschreiben, Flugtauglichkeitszeugnis und ein 60-sekündiges Video, in dem ich mich und meine Ziele vorstellte, ein. Danach hörte ich lange erst einmal nichts mehr. »War wohl nichts«, war ein Gedanke, der mehrfach vorbeistreifte. Währenddessen wurden unsere Unterlagen gesichtet.

Hätte ich auch nur den leisesten Hauch eines Zweifels an der Seriosität dieses Projekts bekommen, hätte ich mich nicht weiter beteiligt. Tatsächlich war ich zu Beginn recht skeptisch und fuhr im September 2017 mit einer gesunden Vorsicht und meiner Schwester als Ratgeberin zu einem großen Event in Berlin, wo die Initiative und ein Großteil der 120 Kandidatinnen der Presse vorgestellt wurden. Für mich überraschend sprachen dort Experten und hochrangige Funktionäre aus der Raumfahrt, beispielsweise von der Berliner Charité, von Airbus und dem Deutschen Zentrum für Luft- und Raumfahrt (DLR). Viele Kandidatinnen waren mit einer ähnlichen Einstellung wie meiner erschienen: Wir schauen uns das hier erst einmal in Ruhe an. Als dann klar war, dass dieselben Leute an Bord sind, die auch an der Auswahl der Astronauten Matthias Maurer und Alexander Gerst – ab September 2018 Kommandant der ISS – beteiligt waren, hatte ich mich gern auf den weiteren Prozess eingelassen.

Das weitere Auswahlverfahren verlief nach internationalen Standards und nahezu identisch zu dem der ESA. Zunächst wurden wir via Skype interviewt. 120 von uns erhielten dann vom DLR einen 20 Seiten starken Fragebogen zu unseren Lebensgewohnheiten und unserer medizinischen Vorgeschichte, 86 wurden daraufhin zur ersten Runde der kognitiven

Tests ans Institut für Luft- und Raumfahrtpsychologie nach Hamburg eingeladen. Da musste man sich rückwärts Zahlenreihen merken, unter Zeitdruck Matheaufgaben und Physikprobleme lösen oder räumliches Denkvermögen beweisen (→ Seite 66).

In der nächsten Runde – ebenfalls beim DLR in Hamburg – wurden 30 Frauen gruppenpsychologisch und in Einzelinterviews getestet. Nachdem acht von uns auch diese Runde überstanden hatten, folgten an drei Tagen im Januar 2017 körperliche Untersuchungen am Institut für Luft- und Raumfahrtmedizin des DLR in Köln. Dabei wird von den Blutwerten über das Herz-Kreislauf-System bis zum Gehirn im Magnetresonanztomografen wirklich alles abgecheckt. Schlimme Allergien oder Gallensteine darf man beispielsweise als Astronautin nicht haben. Die Aufgabe der Mediziner war nicht nur, unseren derzeitigen Gesundheitszustand zu beurteilen, sondern auch abzuschätzen, wie gesund wir in den kommenden Jahren bleiben werden. Das hat etwas mit den hohen Kosten einer Astronautenausbildung zu tun. Man möchte vermeiden, hohe Summen zu investieren, wenn eine spätere Erkrankung bereits absehbar ist. So wusste ich nun zumindest, dass ich topfit bin – das ist schon einmal ein netter Nebeneffekt.

Neben einem gesunden Körper ist auch eine ausgeglichene Psyche extrem wichtig, weil man für einen bestimmten Zeitraum ziemlich eng aufeinanderhockt. Die Handlungen eines einzelnen Astronauten können schwerwiegende Konsequenzen für die ganze Mission haben, ein emotionaler Ausraster könnte fatal sein. Deshalb wird nach verlässlichen, professionell agierenden Charakteren gesucht.

Im April 2017 war es dann so weit: Mit Unterstützung des DLR, des Luft- und Raumfahrtkonzerns Airbus sowie von Ulrich Walter und Bundesministerin Brigitte Zypries (SPD) wählte die Initiative zwei von 408 Bewerberinnen aus. Unfassbar: Ich war eine davon! Die letzte Astronautin, die von der ESA auf die ISS geschickt wurde, war Samantha Cristoforetti, eine Italienerin. Sie ist derzeit die einzige Frau im europäischen Astronautenteam. 199 Tage blieb sie von November 2014 bis Juni 2015 auf der Außenstation und stellte damit den Rekord für die längste Zeit auf, die eine Frau bisher am Stück im All verbracht hat. Dagegen wirkt unsere Mission auf den ersten Blick sehr bescheiden: Zehn bis 14 Tage sind derzeit angesetzt. Warum das wissenschaftlich gesehen eine Menge ist, beschreibe ich in Kapitel 6 (→ Seite 99 ff.). Insgesamt waren bereits 230 Astronauten an Bord der Internationalen Raumstation ISS, allerdings bislang nur 37 Frauen. Nun könnten meine Kollegin Suzanna Randall und ich, die wir im Rahmen der Initiative ausgewählt wurden, zu den nächsten gehören.

European Space Agency (ESA)

Die Weltraumorganisation mit Sitz in Paris wurde 1975 gegründet. Ziel war es, der Sowjetunion und den USA gleichberechtigt gegenübertreten zu können. Laut Statut betreibt die ESA Weltraumerforschung ausschließlich zu friedlichen Zwecken. Die ESA ist allerdings nicht wie die NASA eine Regierungsbehörde, untersteht auch nicht der EU, sondern ist eine eigenständige Organisation. Dennoch finanziert sie sich aus dem Staatshaushalt ihrer Mitgliedsstaaten. Die ESA hat verschiedene Standorte in sieben europäischen Staaten, auch in Deutschland: das Europäische Astronautenzentrum in Köln, wo Gerhard Thiele arbeitete, sowie das Raumflugkontrollzentrum in Darmstadt. Durch verschiedene Projekte wie Rosetta, der ersten Mission, die auf einem Kometen gelandet ist, wurde ESA zu einer Größe in der Raumfahrt. ESA führt Missionen in Eigenregie wie auch mit internationalen Partnern durch. In den 80er- und 90er-Jahren standen Kooperationen mit der NASA mehr im Vordergrund, später wurde auch Russland ein immer wichtigerer Partner. In Französisch-Guyana betreibt die ESA einen europäischen Weltraumbahnhof, von dem aus die Ariane-Trägerraketen beispielsweise Satelliten ins All bringen.

National Aeronautics and Space Administration (NASA)

Die zivile US-Bundesbehörde für Luft- und Raumfahrt wurde 1958 gegründet. Ihre Vision: das Streben nach neuen Herausforderungen und das Unbekannte zum Wohle der Menschheit zu erforschen.

Hauptsitz der NASA ist in Washington, D.C., zu ihr gehören aber auch eine Vielzahl an Einrichtungen, die über die USA verstreut liegen. Eine davon ist das Johnson Space Center in Houston, Texas. Hier entwickelt Boeing gerade einzelne Bauteile eines Raumschiffs für die NASA, um Astronauten zur ISS zu bringen. Parallel arbeitet auch das private Unternehmen Space X in Los Angeles an einem diesbezüglichen Auftrag für die NASA.

Die Lücke füllen

Dass überhaupt die Eignung von Frauen für wissenschaftliche Arbeit im All zur Debatte gestellt wird, erscheint mir absurd. So sehr, dass sich ein Teil von mir am liebsten gleich aus dieser Diskussion ausklinken würde. Geschlecht spielt für mich einfach keine Rolle. Gleichzeitig erkenne ich aber auch, wie wichtig es ist, dass ich mich hier einbringe. Denn wenn sich ein junges Mädchen interessiert Fotos von der Raumfahrt im Internet anguckt und dann hauptsächlich oder je nach Website ausschließlich männliche Köpfe sieht, ist es leicht für sie zu denken: Das ist nichts für mich. Oder: Ich weiß nicht, ob es nichts für mich ist, aber als Mädchen kann mich dieser Bereich zwar einschließen, vielleicht aber auch nicht.

Eine gesellschaftliche Debatte dieser Art lief vor einigen Monaten ja bezüglich eines Bankschreibens, bei dem sich eine Kundin eine weibliche Anrede gewünscht hatte. Viele hielten das für überzogen. Ich kann ihr Anliegen nachvollziehen. Die Sache ist die: Bei Schreiben, die im männlichen Neutrum formuliert sind, muss ich als Frau immer erst einmal überlegen, ob ich dabei auch gemeint bin. Als Mann weiß ich: Bei »der Kunde«, da bin ich gemeint, da kann ich mir sicher sein. Lange war mir nicht aufgefallen, wie schlimm das eigentlich ist.

Denn wenn ich mich möglicherweise ausgeschlossen fühle und mich erst aktiv dafür entscheiden muss, gemeint zu sein oder auch nicht, bringt mich das in eine passive Rolle. Ich kann mich angesprochen fühlen, muss es aber nicht. »Der Astronaut macht einen Weltraumausflug« – wie leicht bekommt da eine Frau das Gefühl: Mich betrifft das nicht? Allein die Formulierung »bemannte Raumfahrt« stört mich: Ist ein mit Frauen besetztes Raumschiff unbemannt?

Unser Sprachgebrauch im Deutschen prägt unser Denken und baut automatisch Filter hinsichtlich der Befähigung verschiedener Menschen ein. Wenn ich mit amerikanischen Kollegen zusammensitze und man spricht über abstrakte Personen – wie zum Beispiel noch nicht definierte Professoren, die zu einer Veranstaltung eingeladen werden sollen –, wechseln sie immer wieder bei ihrer Wortwahl zwischen den Personalpronomen »he« und »she«. Auch bei Artikeln über Kinder ist das im US-amerikanischen Raum ganz oft so. In Deutschland hingegen, wenn wir darüber reden, welcher Professor eingeladen wird, dann wird immer die männliche Form benutzt. Immer. Ich sage dann oft: »Wollen wir nicht auch eine Frau einladen?« – »Oh, stimmt.« Und dann kommen die Ideen.

Mir geht das ja selbst auch so: Meine Töchter waren bei einem Event dabei, bei dem auch Bundesministerin von der Leyen anwesend war. Sie sollte mir kurz vorgestellt werden – also erklärte ich meinen beiden eisverschmierten Töchtern, dass es jetzt um absolutes Benehmen geht. »Wer ist das denn?«, fragte meine Ältere. »Das ist der Chef von der Bundeswehr«, war meine Antwort. Was für ein Blödsinn. Es ist »die Chefin« der Bundeswehr. Seit meiner Auswahl beschäftige ich mich intensiv mit meiner eigenen Ausdrucksweise. Ich versuche, »die Astronautin« zu sagen, anstatt wie üblich immer nur von »dem Astronauten« zu sprechen. Darauf hatte mich eine Zuschauerin einer Sendung hingewiesen – und für so ein konstruktives Feedback bin ich sehr dankbar.

Während unserer USA-Reise im Frühjahr 2018 fragte eines unserer Teammitglieder nach »opportunities for manned spaceflight«. Die Augen des amerikanischen Gegenübers weiteten sich leicht, als er die Frage wiederholte: »You're asking for opportunities for CREWED space flight. We have …« Danach haben wir im Team beschlossen, dass man für jede Verwendung des Begriffs »bemannte Raumfahrt« ab sofort eine Runde ausgeben muss. Schwanger konnte ich davon zwar nicht profitieren, aber wir hatten die korrekte Ausdrucksweise ohnehin alle schnell verinnerlicht.

In den USA wird übrigens über die Männer-Frauen-Frage in der Raumfahrt kaum gesprochen – weil dort beide Geschlechter ähnlich stark vertreten sind. Die Quote bei der letzten Auswahl der NASA betrug sieben zu fünf, seit Jahrzehnten ist es dort ähnlich durchmischt. Während meiner Kindheit in Texas sah ich im NASA-Headquarter ganz selbstverständlich Frauen und Männer zusammenarbeiten – und zwar in allen Bereichen und auf allen Ebenen. Auch in der Astronautenklasse meines Vaters waren acht Frauen vertreten, von denen ich zwei sehr gut kannte. Der Gedanke, dass es sich bei der Raumfahrt um eine Männerdomäne handeln könnte, konnte mir da kaum kommen.

In Deutschland und auch in Europa ist das anders – sogar in Kinderbüchern fanden sich lange Zeit nur Illustrationen von männlichen Astronauten. Ein interessiertes Mädchen aber, das immer nur Bilder von raumfahrenden Männern sieht, weiß nicht, ob sie das könnte, was die können. Ein Junge geht davon aus, dass es zumindest im Bereich des Möglichen liegt. Die meisten Erwachsenen wissen, dass eine Frau das theoretisch auch kann, aber ein Kind weiß noch nicht einmal, ob vielleicht nur Männer so etwas dürfen. Ein Kind kennt die Regeln nicht, möchte sie aber sehr gern lernen. Gerade wenn es noch sehr jung ist, baut es sich gelegentlich aus seiner Wahrnehmung selbst die abstrusesten Regeln zusammen.

In den letzten Jahren gibt es glücklicherweise schrittweise Veränderungen. Im TV lief bei der »Sendung mit der Maus« ein Lied über die Astronautin Erika Klose. Dazu ein Zeichentrickfilm über ein junges Mädchen mit rotbraunem Pferdeschwanz und Raumanzug. Das ist ein erfreulicher, aber letztlich nur kleiner Kontrapunkt und keine ausgewogene Geschlechterdarstellung in den Medien für Kinder – und das betrifft ja nicht nur den Beruf »Astronaut*in«. Tatsächlich betrübt es mich manchmal, wenn ich mitbekomme, wie wichtig es scheinbar doch ist, dass es jetzt eine deutsche Frau gibt, die ins Weltall fliegt. Wie viele Lücken man damit füllt.

Wir können es uns auch wirtschaftlich nicht leisten, das veraltete Rollenbild an die nächste Generation weiterzugeben. Die Zukunft liegt vor allem in der Digitalisierung und Forschung. Mit dem Wegfall vieler Arbeitsplätze durch automatisierte Prozesse werden Naturwissenschaften und technische Berufe immer wichtiger werden, der Bedarf an Fachkräften ist ja jetzt schon nicht gedeckt. Momentan ist das aber genau der Bereich, in dem Frauen stark unterrepräsentiert sind. Manchmal erhalte ich Briefe oder E-Mails von Studentinnen, die mir schier unfassbare Situationen schildern. Im Chemielabor an der Uni seien die männlichen Studierenden nach vorn geholt worden, die weiblichen sollten nach hinten rücken mit der Begründung: »Ihr braucht das eh nicht.« Wie kann es sein, dass so etwas im Jahr 2018 noch passiert?

Genauso erhalte ich Zuschriften von Müttern, die erzählen, dass sich ihre Kinder so über unser Projekt »Die Astronautin« freuen, weil sie halt Mädchen sind. Endlich ist mal eine Frau dabei, der man sogar einen Brief schreiben kann – das ist einerseits schön, andererseits erschreckend. Was, wenn Claudia Kessler nicht diesen Mut und Elan an den Tag gelegt hätte? Wie lange hätte es gedauert, bis diese Mädchen ein Vorbild gefunden hätten?

Insofern finde ich es auch ein bisschen traurig, wenn dem Projekt für die Idee an sich Diskriminierung der männlichen Bevölkerung vorgeworfen wird. Quasi zeitgleich wurde im Februar 2017 ein neuer deutscher ESA-Astronaut ins Korps aufgerufen – Matthias Maurer. Es gibt viele

Menschen und gerade Kinder, die sich durch »Die Astronautin« inspirieren lassen und denen dieses Projekt Mut und Kraft gibt.

Manche meinen: Indem man über das Geschlecht spricht, macht man es ja erst zum Thema. Einerseits ja. Aber: Um nicht mehr darüber reden zu müssen, muss jetzt erst mal eine Frau ins All, die in den deutschen Medien sichtbar ist.

Space 4.0 – kommerzielle Raumfahrt als Zukunftsmodell

GERHARD PAUL JULIUS THIELE

- Geboren am 2. September 1953 in Heidenheim an der Brenz
- Promovierter Physiker
- War deutscher Astronaut für das DLR und die ESA
- Leitete ab Herbst 1995 für ein Jahr das Trainingszentrum des deutschen Astronautenkorps in Köln.
- Kartografierte gemeinsam mit NASA-Kollegen im Jahr 2000 80 Prozent der Landmasse der Erde im Rahmen der Mission STS-99, der sogenannten »Shuttle Radar Topography Mission«.
- Übernahm von August 2005 bis März 2010 die Leitung der ESA-Astronautenabteilung.
- War der verantwortliche Leiter für die Auswahl des derzeitigen ESA-Astronautenkorps.
- Arbeitet heute als selbstständiger Berater und Universitätsdozent
- Ist verheiratet und hat vier Kinder.

Als ich erfahren habe, dass Insa sich bei der Initiative »Die Astronautin« bewirbt, habe ich mich gefreut. »Gut so!«, habe ich zu ihr gesagt. »Du bringst alles mit, was du brauchst.« Aber auch wenn ich ihre Fähigkeiten kenne, habe ich mich natürlich über jede Auswahlrunde gefreut, in der sie weiterkam, weil man nie genau weiß, wonach die Durchführenden gerade suchen.

Als ich selbst ausgewählt wurde, als einer von 13 Finalisten, da hätte auch jeder andere von diesen 13 genommen werden können. Es wäre ein anderes Team geworden, aber auch die anderen hätten den Job gut gemacht. Auch als ich bei der ESA für die Auswahl der Astronauten 2008 verantwortlich war, gab es nicht nur die sechs, die wir ausgewählt haben. Es gab mindestens noch einmal genauso viele, die man genauso gut hätte auswählen können. Deswegen kann man sich trotz aller Eignung nie sicher sein, ob man am Ende auch wirklich ausgewählt wird. Insofern habe ich schon ein bisschen mit Insa mitgefiebert, von Runde zu Runde mehr.

DAS EUROPÄISCHE ASTRONAUTENTEAM

Die Astronauten, deren Auswahl Gerhard Thiele verantwortlich leitete, sind:

- Samantha Cristoforetti aus Mailand, Italien
- Alexander Gerst aus Künzelsau, Deutschland
- Andreas Mogensen aus Kopenhagen, Dänemark
- Luca Parmitano aus Paternò, Italien
- Timothy Peake aus Chichester, Großbritannien
- Thomas Pesquet aus Rouen, Frankreich
- Seit Juli 2015 ist auch Matthias Maurer aus St. Wendel, Deutschland, Mitglied des Astronautenkorps. 2017 schloss er seine Astronautengrundausbildung ab.

Andererseits hätte es mich überrascht, wenn Insa nicht zu den Tests eingeladen worden wäre. Ich fand ihr Bewerbungsvideo große Klasse. Es wäre aber, nachdem Insa eine Auswahlrunde erfolgreich durchlaufen hatte, vermessen gewesen zu sagen: »Das habe ich eh gewusst.« Umgekehrt wäre es unaufrichtig gewesen, bei Insas Weiterkommen Erstaunen vorzuspielen mit einem Kommentar wie »Oh, du bist ja immer noch drin«.

Als in Bremen die sechs Finalistinnen vorgestellt wurden, wurde ich gefragt, ob ich nicht dazukommen wolle, als Publikumsgast. Das habe ich abgelehnt. Insas Schwester Lerke ist mitgegangen. Sie hat dann eine WhatsApp-Nachricht an unsere Familiengruppe abgesetzt, als das Ergebnis bekannt war. Worüber ich mich am meisten gefreut habe: Sowohl Andreas Schütz, Pressesprecher des DLR, als auch mein Astronautenkollege Ulrich Walter haben erst in diesem Moment erfahren, dass eine der Kandidatinnen meine Tochter ist.

Ulrich Walter und Kolleg*innen

Der Physiker und ehemalige Wissenschaftsastronaut ist Inhaber des Lehrstuhls für Raumfahrttechnik an der Technischen Universität München. Zusammen mit Gerhard Thiele und anderen war er ab 1987 Teil des deutschen Astronautenkorps. Hierzu gehörten auch Hans Schlegel, Heike Walpot und Renate Brümmer. Nach gemeinsamem Training wurden Ulrich Walter und Hans Schlegel auf D2-Mission geschickt, während Gerhard Thiele und seine Kolleg*innen diese vom Boden aus begleiteten. Gerhard Thiele bekam dann später seine Chance und flog ins All, für die beiden Frauen des Korps hat sich das nicht ergeben.

Ulrich saß mit im Auswahlgremium. Als er realisierte, wen er da vor sich hatte, rief er mich an: »Du hast mir nie etwas gesagt!« – »Wieso hätte ich dir da was sagen sollen?«, war meine Antwort. Ulrich war Insa natürlich Ende der 80er während des Trainings für die D2-Mission mehrfach begegnet. Aber er hatte sie als junge Frau nicht erkannt. Er hatte schlicht auf die wissenschaftlichen Hintergründe geachtet. Und da kann sich Insa durchaus zeigen.

Als ihre Auswahl verkündet wurde, habe ich gesagt: »Gratuliere. Darauf stoßen wir jetzt an.« Ich wünsche diesem Projekt wirklich allen Erfolg. Zumal »Die Astronautin« nach meinem Wissen erst die zweite private Initiative in der europäischen Raumfahrt ist, nach der angestrebten Mondmission von OHB in Bremen, einem der führenden Raumfahrtunternehmen in Europa, die aber leider nicht stattgefunden hat. Letztlich ist die Firma vor den Kosten – 125 Millionen ist die Summe, an die ich mich erinnere – zurückgeschreckt. Das schultert auch eine mittlerweile sehr angesehene Firma wie OHB nicht ohne Weiteres. Ich hätte es sehr begrüßt, wenn es zu einer solchen Mission gekommen wäre. Einfach weil ich davon überzeugt bin, dass sie in enorm kurzer Zeit, verglichen mit staatlich finanzierten Missionen, etwas Vorzeigbares hinbekommen hätten, auch in wissenschaftlicher Hinsicht. Allein daraus hätten die staatlich finanzierten Agenturen wie die ESA sehr viel lernen können.

Die private Initiative »Die Astronautin« sorgt nun für Sichtbarkeit. Wie Insa es einmal wunderschön formuliert hat: »Wichtig ist nicht, wer die erst deutsche Frau im All ist, sondern wichtig ist, dass es überhaupt eine deutsche Frau im All gibt.« Wer von den Frauen jetzt fliegt, ist egal. Hauptsache, es fliegt eine.

Es wäre mehr als nur bedauerlich, wenn das Projekt »Die Astronautin« scheitern und keine der Frauen ins All fliegen würde. Denn neben dem Aspekt des Geschlechts geht es aus meiner Sicht eben auch darum zu zeigen, dass der private Bereich ebenfalls voller guter Ideen steckt.

»Die Astronautin« – ein Raumfahrt-Start-up

 Die Initiative »Die Astronautin« ist ein Start-up. Es gibt dort keine gefestigten Strukturen mit riesigem Verwaltungsapparat und Geld. Eigentlich fehlt es uns überall an allem – außer an Ideen. Wir sind schon weit gekommen, Strukturen erarbeiten wir uns gemeinsam im Team. Zu Beginn habe ich mich vor allem mit Nicola Baumann abgesprochen, die Kollegin, die zunächst mit mir für die Reise ins All ausgewählt wurde. Wir beide mussten uns in vielen Dingen erst einmal klar darüber werden, was wir genau wollen, bevor wir mit unseren Vorstellungen ans gesamte Team gingen. Dabei haben wir nicht alles einheitlich gemacht, schon allein, weil sich unsere beruflichen Situationen unterscheiden. Aber die Zusammenarbeit war sehr angenehm. Das ist bei Suzanna, die nach Nicolas Ausscheiden nachgerückt ist, genauso. Wenn wir Anfragen bekommen, zu Veranstaltungen oder Presseterminen, sprechen wir uns ab: Wer übernimmt was? Ich kümmere mich wohnortbedingt eher um die Termine in Westdeutschland und sie um die in München, so können wir Reisezeiten möglichst kurz halten.

Interview mit Claudia Kessler: »Erfahrene Raumfahrtler klopfen bei uns an, um uns zu unterstützen.«

Die Gründerin des Projekts »Die Astronautin«, Claudia Kessler (54), hielt schon im zarten Alter von anderthalb Jahren den Schraubenschlüssel in der Autowerkstatt ihres Vaters. Seit sie die Mondlandung im Fernsehen gesehen hatte, wollte sie selbst Astronautin werden, aufgrund der seltenen Auswahlen hat das nicht geklappt. Stattdessen stieg die Luft- und Raumfahrtingenieurin zur Abteilungsleiterin bei Airbus auf und gründete vor 14 Jahren ihre Personaldienstleistungsfirma HE Space Operations. Mit ihrer Fähigkeit, andere Menschen von Visionen zu begeistern, brachte sie einen Stein ins Rollen.

»Es kann nicht sein, dass der symbolträchtigste Job in Deutschland ausschließlich von Männern ausgeübt wird. Grundsätzlich ist es ja so: Je vielfältiger ein Team ist, desto besser kann es zusammenarbeiten und umso mehr verschiedene Perspektiven stehen zur Problemlösung zur Verfügung. Das gilt auf der Erde wie auch im Weltall. Meine Firma HE Space Operations führe ich seit 14 Jahren nach genau diesem Prinzip, und zwar sehr erfolgreich: Unser Managementteam besteht aus drei Frauen und drei Männern mit sechs verschiedenen Nationalitäten.

Gern wäre ich auch Astronautin, war aber bei den Ausschreibungen immer zur falschen Zeit im falschen Alter: bei der ersten zu jung, bei der letzten mit 44 Jahren zu alt. Es gibt bei diesen Ausschreibungen keinen regelmäßigen Turnus, sodass man sagen könnte: Ich warte jetzt beispielsweise auf das Jahr 2025. Deswegen haben wir die Initiative gestartet, weil kein Mensch momentan weiß, wann die ESA wieder sucht. Und wir wollten nicht womöglich Jahrzehnte ins Land ziehen lassen, bis dann mal die Chance besteht, dass die erste deutsche Frau ins All fliegt.

Im Rahmen der Initiative werden also Insa Thiele-Eich oder ihre Kollegin Suzanna Randall ins All fliegen. Für mich selbst hoffe ich, dass sich irgendwann noch einmal eine andere Tür öffnet – vielleicht wenn sich die kommerzielle Raumfahrt stärker etabliert hat.

Insas besondere Eignung hat sich im Lauf des Auswahlverfahrens Schritt für Schritt herauskristallisiert. Wir hatten ja so viele tolle Bewerberinnen, dass es zunächst schwer erschien, sich zu entscheiden. Aber ganz ausschlaggebend waren die psychologischen und medizinischen Tests, die neutral vom DLR durchgeführt wurden, genau wie bei den ESA-Astronauten.

Zu Beginn hatten wir die Bewerberinnen neben anderen Unterlagen auch um ein Video gebeten, um sehen zu können, wie sie vor der Kamera sprechen. Denn ihre Begeisterung für die Raumfahrt sowie für die Natur- und Ingenieurswissenschaften sollen sie auch an andere Frauen weitergeben können. Von der Wertung her stellte ihre Mediengewandtheit jedoch nur einen von insgesamt zwölf Punkten dar.

Das Projekt schweißt zusammen. Wir arbeiten sehr eng miteinander und finden Stück für Stück unseren weiteren gemeinsamen Weg. Durch unsere Reisen nach Russland oder in die USA lernen wir uns sehr gut kennen, man verbringt ja quasi Tag und Nacht zusammen. Da entwickeln sich auch Freundschaften.

Diese Reisen machen wir, um verschiedene Möglichkeiten auszuloten, wie unsere Astronautin ins All fliegen wird. Momentan stehen wir vor drei Hauptoptionen: Mit Russland oder mit einer von zwei Möglichkeiten in den USA – Boeing oder Space X. Letztere wiederum bieten unterschiedliche Varianten, also verschiedene Missionen an.

Tatsächlich müssen wir bei unserer detaillierten Planung allerdings erst einmal die Demoflüge ihrer Raumschiffe abwarten. Das wird wahrscheinlich im Herbst 2018 passieren. Wenn wir wissen, dass sie sicher fliegen und wieder zurückkommen, können wir konkrete Entscheidungen treffen. Sowohl Boeing als auch Space X docken, wie die Russen, an der ISS an. Als weiteres Modell hat uns Space X einen sogenannten »Free Flyer« angeboten. Dabei befindet man sich sieben Tage lang frei fliegend in einer Kapsel im Orbit, eine weitaus kostengünstigere Variante. Die erste Generation der Astronauten, bis zu den 80er-Jahren, ist ausschließlich auf diese Weise in Kapseln geflogen. Die ganze Bandbreite an Missionsszenarien bewerten wir gerade mithilfe eines Ingenieurs. So werden wir die Idealmission für uns herausarbeiten.

Unterstützung für unser Projekt erfahren wir beispielsweise durch Peter Eichler, der 15 Jahre lang bei der ESA und bei Airbus als Trainer für die europäischen Astronauten tätig war. Seit zwei Jahren ist er im Ruhestand, ich habe ihn wieder in den Un-Ruhestand versetzt.

Ebenso Detlev Hüser, der für das wissenschaftliche Forschungsprogramm unserer Mission zuständig ist. Das Gleiche hat er ein Leben lang bei OHB in Bremen gemacht. Dort war er außerdem zuständig für die Entwicklung von Geräten und Experimenten für die Forschung in der Schwerelosigkeit.

Unser Geschäftsführer, Matthias Oehm, war früher Geschäftsführer der Raketenfirma Eurockot in Bremen. Alle diese Experten sind über 60 Jahre alt, was unser Team sehr erfahrungsstark macht. Es kommen zudem immer wieder weitere verrentete Unterstützer aus der Raumfahrtbranche auf uns zu, die sich für dieses Projekt begeistern und es auf freiwilliger Basis aktiv vorantreiben möchten.

Die Arbeit erfolgt größtenteils ehrenamtlich, wobei wir unseren Beratern Geld auszahlen, wenn wir welches haben. Um ›Die Astronautin‹ weiterzufinanzieren, haben wir die gemeinnützige Stiftung ›Erste deutsche Astronautin gGmbH‹ gegründet, zumal wir Mädchen und Frauen dazu inspirieren wollen, in die Forschung zu gehen. Über die Webadresse dieastronautin.de/support-us/ kann für Insas oder Suzannas Flug ins All gespendet werden. Darüber hinaus reden wir mit einer Reihe von Firmen, die als potenzielle Sponsoren infrage kommen.«

Wir versuchen, uns im Team der »Astronautin« einmal pro Woche auszutauschen. Meist besteht die Runde aus Suzanna und mir, unserer Managerin und Astronaut Support Carmen Köhler, der Initiatorin Claudia Kessler und der Geschäftsführerin Inka Helmke. Auch der ehemalige ESA-Astronautentrainer Peter Eichler und der Leiter unseres Experimentenprogramms Detlev Hüser gehören zu unserem Team.

Nach Veranstaltungen reflektieren wir gemeinsam: Welche Kontakte haben wir geknüpft, welche Gespräche geführt. Wir tauschen Tipps aus und was als Nächstes ansteht. Wir alle haben ja auch noch andere Jobs nebenher und sind in verschiedene Projekte eingebunden. Alle Mitarbeiter, die ich im Rahmen dieses Projekts getroffen habe, empfinde ich als extrem eigenständig und gleichzeitig kooperativ. Wer Hilfe braucht, fragt einfach. Wer Erfahrungswerte oder Input hat, teilt diese. Meistens ist unser Austausch zeitlich bedingt sehr konkret und zielgerichtet. Umso schöner ist es, wenn sich nach strategischen Meetings oder Trainingsmodulen in den Abendstunden dann mal die Gelegenheit ergibt, gemeinsam essen zu gehen und sich näher kennenzulernen.

Vieles dreht sich bei uns natürlich um die Frage der Finanzierung. Die Ausbildung und Flüge der ESA-Astronauten bezahlen die Steuerzahler der Mitgliedstaaten. Da kommen ganz andere Etats zusammen: Im Jahr 2017 standen der Raumfahrtagentur rund 5,75 Milliarden Euro zur Verfügung, wobei Deutschland mit 858 Millionen Euro größter Beitragszahler war, gefolgt von Frankreich mit 856 Millionen Euro. Davon sind weniger als 400 Millionen Euro pro Jahr für die astronautische Raumfahrt bereitgestellt.

Bei uns hat sich die Politik bisher vorrangig in Form von ideeller Unterstützung beteiligt. Im Auswahlgremium der Initiative war auch die damalige Bundeswirtschaftsministerin Brigitte Zypries (SPD) vertreten, Bundeskanzlerin Angela Merkel hat uns zur Auswahl gratuliert. An Zuspruch aus Politik und Raumfahrtbranche mangelt es also nicht, aber so eine Mission ins All, inklusive Ausbildung und Flug, kostet für eine 10–14-tägige Mission etwa 50 Millionen Euro.

Im ersten Crowdfunding im März/April 2017 über die Internetplattform startnext.com kamen immerhin 69.000 Euro zusammen, sodass dieses Projekt überhaupt starten konnte. Das ist schon eine ganze Menge Schubkraft! Hiervon haben wir die ersten Trainings in 2017 finanziert. Auch für 2018 haben sich genügend Sponsoren aus der Wirtschaft und weitere Unterstützer gefunden.

Manchmal wird unsere Initiative gerade dafür kritisiert, dass sie kommerzieller Natur ist – eben nicht staatlich finanziert. Das Absurde dabei ist, dass erst 2016 Johann-Dietrich »Jan« Wörner, Generaldirektor der ESA, seine Vision vom »Space 4.0« erklärt hat: Eine Ära der Öffnung der Raumfahrt und Kooperation mit privaten Firmen – sogenannte »public private partnerships«, damit die Raumfahrt künftig nicht nur von Steuergeldern finanziert wird. Diese Vision wurde begeistert aufgegriffen. Jetzt stehen wir in den Startlöchern, möchten trainieren, und plötzlich heißt es: »Ach so, dafür haben wir aber noch gar keine konkrete Vorgehensweise« – eben weil wir die Ersten sind. Diese neuen Abläufe zu entwickeln dauert lange. Aber manchmal wundert man sich schon, wie kompliziert es sein kann, wenn doch eigentlich public private partnerships gewünscht sind. Insgesamt ist es also noch ein weiter und spannender Weg, damit aus meinem Traum Wirklichkeit werden kann.

Plötzlich Vorbild?

 Unsere Vorbildfunktion ist einer der Ecksteine der Astronautin-Initiative. Dennoch möchte ich differenzieren, was ich darunter verstehe. Wichtig ist mir nämlich, dass ich kein Idol bin. So etwas wie Idole habe ich selbst schon relativ früh in der Kindheit abgelegt, als ich merkte, dass jeder Mensch auch Eigenschaften hat, die man selbst nicht so toll findet. Entdeckt man das aus einer Erwartungshaltung der Perfektion an diesen Menschen, dann ist man vielleicht enttäuscht oder abgeschreckt.

Wenn man eine Person idolisiert, erwartet man von ihr Dinge, die sie so gar nicht erfüllen kann. Weil sie eine eigenständige Person ist. Als Person gehe ich einkaufen oder bin auch mal motzig und nicht immer 100-prozentig perfekt und kordial und höflich. Niemand auf der Welt ist das. Als Astronautin verkörpere ich jedoch ein bestimmtes Bild. Werde ich dann beim Einkaufen mit den Kindern gesehen, die vielleicht gerade seit drei Stunden nerven, dass sie ein Eis möchten – obwohl sie schon zwei Eis an diesem Tag hatten –, dann wirke ich auf Außenstehende vielleicht etwas barscher, als sie es von mir erwarten würden. Man sieht ja immer nur Momentaufnahmen von Menschen, deswegen mache ich mir auch ein bisschen Gedanken.

Mittlerweile werde ich mindestens zweimal pro Woche auf der Straße angesprochen, beispielsweise kürzlich beim Zurückgeben von Pfandflaschen. Meine Schwiegermutter hatte sich die Schulter gebrochen, da habe ich das für sie übernommen – es hatte sich einiges angesammelt. So kam ich morgens um 8:30 Uhr mit 130 Flaschen in den Getränkemarkt. Mir war nicht klar, dass die Flaschen einzeln abgezählt werden müssen. Und hinter mir musste jemand warten. Das war mir angesichts der Menge der Flaschen ohnehin reichlich unangenehm. Beim Gehen meinte der Kassierer dann: »Alles Gute für Ihren Flug.« Davor hatte er nichts gesagt. In meinem Kopf kreisten dann die Gedanken: Erzählt er jetzt jedem, wie unhöflich ich bin, dass ich frühmorgens so die Kasse blockiere? Man weiß es nicht.

Ich bekomme ja auch mit, wenn mir jemand über andere Astronauten erzählt, sie seien unfreundlich oder arrogant zum Interview erschienen. Dann antworte ich: »Nein, diese Personen sind nicht immer unfreundlich oder arrogant. Vielleicht waren sie es das eine Mal, als du sie gesehen hast.« Mit Reinhold Messner, dem Extrem-Bergsteiger, habe ich mich auch über dieses Phänomen unterhalten, als wir beide zu einer kleinen Talkrunde anlässlich des Serienstarts von »Lost in Space« von Netflix eingeladen waren. Aufgrund seines markanten Erscheinungsbilds wird Reinhold Messner überall erkannt. Leute gehen teilweise einfach auf ihn zu, machen ein Selfie mit ihm und gehen wieder weg. Ohne vorher zu fragen. Womöglich erzählen sie dann noch ihren Bekannten: »Ach, den habe ich mal beim Wandern getroffen, der war total unfreundlich.« Vielleicht weil er beim Wandern in den Bergen einfach seine Ruhe haben möchte? Aber viele Menschen werten eben aus ihrer Perspektive. Zwar steuere ich das nicht aktiv, aber mir fällt auf, dass ich manchmal deutlich stärker als zuvor auf mein Verhalten achte. Das ist auch ein bisschen anstrengend.

Was mich hingegen extrem freut: Wenn mir Mädchen und Studentinnen schreiben und zum Beispiel positives Feedback dazu geben, dass ich als Frau und Mutter meinen Weg gehe, ohne mich dafür zu rechtfertigen. Weil sie eben genau dieses Gefühl haben: Sie müssten sich dafür rechtfertigen. Es ärgert mich zwar, dass ich im Jahr 2018 so etwas noch »vorleben« muss, aber wenn es andere inspiriert, mache ich das sehr gern.

Ob ich nun aber ein Vorbild bin für ein Mädchen – das entscheidet das Mädchen selbst. Oder der Junge. Ich hoffe, dass ich auch Jungen inspirieren kann, das fände ich schön. Vorbilder geben Impulse, in eine Richtung zu gehen, in die man von allein vielleicht nicht gehen würde. Man hat zwar schon eine diffuse Vorstellung oder ein Gefühl, wohin man gern möchte. Aber ein Bild, das mir zeigt, wie es gehen könnte, kann mir die Entscheidungsfindung erleichtern. Von der Vorgehensweise dieses Vorbilds kann ich dann für mich mitnehmen, was zu mir passt.

In jedem Fall halte ich es für absolut wichtig, dass auch Astronautinnen in der Öffentlichkeit zu sehen sind – sei es im Fernsehen, in den sozialen Medien oder auch in Kinderbüchern. In meinem Umfeld als Jugendliche gab es viele Astronautinnen, die mit meinem Vater zusammengearbeitet haben. Mit Heike Walpots Tochter war ich sehr eng befreundet. Häufig gesehen habe ich auch die Astronautinnen Heide Stefanyshyn-Piper und Laurel Clark. Im Nachhinein erkenne ich, wie wertvoll es für mich war, in diesem Alter diese sehr zielstrebigen Mütter kennenzulernen – weil sich mir so nie die Frage gestellt hat, ob ich einen Beruf auch mit Kindern ausüben kann. Diese Vorbilder sind in Deutschland zwar vorhanden – ich denke da besonders an Ursula von der Leyen –, aber noch sehr rar.

Mit der Öffentlichkeit kommt auch ein gewisser Druck, den ich zuvor ehrlich gesagt unterschätzt habe. Da werde ich plötzlich von einem Fremden in der Sauna angesprochen: »Na, wie ist der Status? Wissen Sie, wann Sie fliegen?« In der Sauna!
Andererseits zeigt mir das konstante Medieninteresse, dass unser Projekt eine hohe gesellschaftliche Relevanz hat. In meiner Wissenschaftler-Blase an der Universität Bonn war mir gar nicht so bewusst gewesen, wie heiß die Diskussionen um Frauen und besonders Mütter in der Arbeitswelt noch geführt werden. Im täglichen Miteinander spielt das Geschlecht meist keine Rolle, auch wenn natürlich auch im Wissenschaftsbetrieb

Frauen nachgewiesenermaßen mit Vorurteilen und daraus entstehenden Nachteilen zu kämpfen haben. Aber erst als ich mit »Die Astronautin« in Erscheinung getreten bin, wurde ich mit sexistischen Kommentaren aus der Öffentlichkeit konfrontiert.

Eine TV-Reporterin für einen öffentlich-rechtlichen Sender stellte mir während meines allerersten Interviews verblüffend kreative Fragen. Ob ich nicht Angst hätte. Ich dachte, sie beziehe sich auf den Start, und setzte zur Antwort an, da fügte sie hinzu: »… mit den ganzen Männern da oben, auf so engem Raum?« Mein Gesicht in diesem Interview spricht Bände. Was bitte unterstellte sie meinen Kollegen denn da? Auf so einen Gedanken war ich noch nie gekommen. Dann machte sie auch noch weiter: »Sie haben doch Kinder, können Sie überhaupt so lange ins All?« Dabei ist unsere Mission für gerade mal zwei Wochen geplant.

Beim Medientraining wurde mir später gesagt, ich solle auf solche sexistischen Fragen souverän und gelassen reagieren. Dabei glaube ich, meine authentische entsetzte Reaktion war ganz passend – immerhin entstand so in der Redaktionssitzung des Senders eine sehr hitzige Diskussion, und ich habe ungefragt eine schriftliche Entschuldigung bekommen. Deshalb behalte ich das weiter bei, wenn es zu absurd wird. Je öffentlicher ich als Person gerade bin, desto mehr fühle ich mich dazu auch verpflichtet.

Vater-Tochter-Gespräch: Insa, trittst du in die Fußstapfen deines Vaters?

 Hm, wir haben immerhin fast die gleiche Schuhgröße – 38 und 38,5. Ich finde es ein bisschen schwierig zu sagen, was ich von meinen Eltern übernommen habe. Schließlich ist da viel miteinander verwoben: Man wächst nicht nur mit einer Bezugsperson auf, sondern mit vielen. Hinzu kommen viele Kontakte mit anderen Menschen, und teilweise können einen auch Ereignisse be-

einflussen, die mit Personen zu tun haben, die man nur einmal sieht oder nur in einer sehr kurzen Phase seines Lebens.

Geht es speziell um die Faszination für Raumfahrt oder den Wunsch, ins All zu fliegen – natürlich haben wir zu Hause viel über dieses Thema gesprochen. Es war der erste Beruf, den wir hautnah kennengelernt haben, jenseits von dem einer Lehrerin. Lehrerin wollte ich auch mal werden. Dennoch sträube ich mich etwas dagegen, zu sagen, der Wunsch sei nur durch dein Vorbild entstanden. Dass man mit einem Astronauten zusammenlebt, ist ja nicht immer präsent. Im normalen Alltag hat das Thema keine allzu große Bedeutung.

Die groben Bausteine haben wir natürlich schon mitbekommen, auch durch die Umzüge, aber ich kann nicht sagen, dass es allein die Fußstapfen meines Vaters wären, in die ich jetzt gerade trete. Zumal ich auch viele andere Astronauten und Astronautinnen kennengelernt habe. Diese Gemeinschaft war schön, und es schien ein tolles Arbeitsumfeld zu sein, zumindest habe ich das als Kind so wahrgenommen. Papa, du hast zwar nicht so viel davon erzählt, aber die spannenden Tätigkeiten wie Tauchtraining und Jetfliegen waren uns schon präsent, wie eine Art natürliches Hintergrundrauschen.

Wichtiger war: Wir haben einfach gesehen, dass die Menschen in unserem Umfeld das, was sie tun, gern machten. Wärst du jetzt jeden Tag von der Arbeit nach Hause gekommen und hättest gesagt:»Uh, was für ein blöder Tag bei der NASA«, dann hätte ich bestimmt gesagt:»Bleib mir bloß weg damit.«

In einer Sache bin ich sicherlich in deine Fußstapfen getreten: bei der Promotion. Für mich war immer vollkommen klar: Wenn man als Wissenschaftler arbeiten möchte, dann studiert man und promoviert anschließend. Wärst du nicht promoviert gewesen, wäre ich wahrscheinlich gar nicht auf die Idee gekommen. So stand für mich schon weit vor dem Abi fest, dass ich promovieren werde. Dass es ein so ähnliches Fach geworden ist (Meteorologie und Ozeanografie) war hingegen Zufall – das habe ich erst festgestellt, als ich schon mitten im Studium war.

Insa ist Insa, Gerhard ist Gerhard, und wer in die Fußstapfen von anderen tritt, kann keine eigenen Spuren hinterlassen. Ich hoffe sehr, dass du, auch wenn der Titel derselbe ist, deine Aufgabe so gestaltest, dass du komplett neue Spuren legst, und genau das wird auch passieren. Dass du, als die Gelegenheit da war, sie ergriffen hast, finde ich natürlich toll. Genau dazu haben wir gehofft, euch alle zu erziehen: Dass ihr etwas tatsächlich auch ausprobiert, wenn ihr das Gefühl habt, das passt zu euch.

Das stimmt. Uns Kindern habt ihr immer klargemacht, dass man alles machen kann, Hauptsache, man ist glücklich und interessiert daran. Das schließt auch Handwerks-, Pflege- oder sonstige Berufe ein. Uns wurde nie vermittelt: »Wir bestehen auf vier akademischen Sprösslingen, die auf dem Gymnasium ein Einserabitur abschließen«, oder etwas in der Art. Wir haben uns immer ganz frei gefühlt. Ich hoffe, ich kann das meinen Kindern auch so weitergeben.

2

Mit Astronauten aufwachsen

Die Raumfahrt-Community

 Es war meine Mutter, die befand, ein geeignetes Ausflugsziel mit vier Kindern sei das Cape Canaveral. Immer wieder fuhr sie mit uns von Houston, Texas, drei Tage lang die rund 1600 Kilometer entlang der Interstate 10 durch Louisiana, Mississippi und Alabama, um in Florida diversen Shuttle-Starts beizuwohnen. Meist saßen dann Freunde von uns in den Raumschiffen. Astronauten, die man vom Barbecue an Thanksgiving kannte und mit deren Kindern wir spielten. Allerdings nicht bei den Launches selbst. Denn während wir uns als Nicht–Familienmitglieder einfach ins weiche Gras hockten und picknickten, standen die Familienmitglieder der jeweils Startenden auf dem Dach des Launch Control Centers im Kennedy Space Center.

Dass mein Vater auch Astronaut war, interessierte mich damals so sehr, wie man sich als Kind beziehungsweise pubertierende Jugendliche eben für den Beruf des Vaters interessiert. Mehr peripher. Es schien ja auch normal zu sein, irgendwie. Außerdem hatten meine Geschwister und ich unsere eigenen Leben. Und die waren gut gefüllt mit Schule, Hobbys und Freundschaften.

Cape Canaveral

Cape Canaveral an der Ostküste Floridas ist ein Naturschutzgebiet. Gleichzeitig befinden sich hier die wichtigsten US-amerikanischen Weltraumbahnhöfe: das Kennedy Space Center der NASA, von dem die astronautischen Raumflüge starteten, und die militärische Cape Canaveral Air Force Station für Raketen ohne Besatzung.

Für Insa und ihre Geschwister hatte mein Job keinen herausragenden Stellenwert. Es war ihr bekannt, dass der Flug ins All etwas war, was der Papa unbedingt machen wollte, ein Traum für ihn. Aber sie hatte viel für die Schule zu tun und pflegte ihre Hobbys. Das Leben der Familie war nicht auf den Vater ausgerichtet, es war ein buntes Leben, in dem alle sechs ihr eigenes hatten. In diesem Sinne sind wir eine ziemlich gewöhnliche Familie. Mit Aufregung um meine Person oder Brimborium kann ich ohnehin nichts anfangen. Dieser normale Umgang der Familie mit meinem Job hat mir geholfen, auf der Erde zu bleiben. Ich empfinde das als einen ziemlich glücklichen Umstand.

Unsere Kinder sind in einem Umfeld groß geworden, wo Raumfahrt einfach die Normalität war. In ihrer Grundschule hingen 43 Porträts von Astronauten. Hätte da jetzt einer gesagt:»Oh, mein Papa ist Astronaut, oder meine Mama ist Astronautin«, hätte nebendran jemand gesagt:»Meine auch.« In diesem Sinne war es also nichts Besonderes.

In der Raumfahrt-Community wird großen Wert darauf gelegt, dass sich die Familien untereinander gut verstehen. Als meine Mutter während der Mission meines Vaters Geburtstag hatte, sind die Ehepartner der anderen Astronauten der Mission mit ihr essen gegangen. Es gibt das sogenannte »Spouses Network«, also das Netzwerk für Ehepartner, das für den sozialen Zusammenhalt sorgt. Dort gehen

dann immer wichtige Infos herum, wie Einladungen zu Weihnachtsfeiern oder Poolpartys. Dabei werden auch die Ersatzleute der jeweiligen Mission eingeladen.

Als wir gerade neu ankamen, trafen sich gleich mehrere Familien mit uns. So fühlten wir uns sofort integriert. Und es war gleich klar: Irgendjemand beschäftigt sich mit uns an Thanksgiving. Das ist eine Besonderheit der Raumfahrtbranche. Dass man einen neuen Kollegen an einem Fest wie Weihnachten gleich samt Familie zu sich nach Hause einlädt, kommt sonst wohl eher selten vor. Diese Integration ist schön und wichtig, weil viele Astronauten eben für den Job hergezogen sind und keine Familie vor Ort haben. Über die Einladungen des Spouses Network haben wir auch immer viele Kinder kennengelernt.

Für uns Kinder war dieses Netzwerk ebenfalls sehr wichtig, da wir so auch einen schnelleren Zugang zu neuen Freundeskreisen und der doch anderen Kultur der Amerikaner bekamen. Besagtes Thanksgiving ist mir sehr gut in Erinnerung geblieben. Der 16-jährige Sohn der Familie hatte nämlich seine feste Freundin dabei. Beide durften sich jedoch nur im Wohnzimmer gemeinsam aufhalten, um stets unter Aufsicht zu sein. Das war ein ganz schöner Kulturschock für mich.

Bedingungslose Unterstützung

Meine Frau unterstützte meine Raumfahrtambitionen auf wunderbare Weise – obwohl sie diese nicht befürwortet hatte. »Du fliegst nicht«, hatte sie gleich zu Beginn ganz klar gesagt, als mir der Gedanke erstmals in den Sinn kam. Sie hatte Sorge um mich. Auf der anderen Seite wusste sie, dass ich es gern machen wollte. Schließlich sagte sie sich: Wenn er das gern will, dann soll er sich in Gottes Namen halt bewerben. Irgendwann wird er schon zur Vernunft kommen.

Ab dem 3. Januar 1986 waren wir in Princeton in New Jersey, wo ich als Gastwissenschaftler Klimaforschung betrieb. Nur etwa drei Wochen später, am 28. Januar, passierte das Challenger-Unglück. Sieben Astronauten verloren durch eine Explosion kurz nach dem Start ihr Leben. Da sagte meine Frau bezüglich meiner eigenen Weltraumambitionen: »Das war's jetzt ja dann wohl.« Darauf habe ich kaum reagiert. Wozu in so einem emotionalen Moment eine große Diskussion anfangen? Direkt nach einer Katastrophe fallen Entscheidungen vielleicht anders aus als unter anderen Umständen.

Ich habe also einfach zugehört, was meine Frau mir gesagt hat. Und geantwortet: »Jetzt schauen wir mal, was die als Unglücksursache finden. Außerdem habe ich mich ja nur beworben. Die suchen mich doch eh nicht. Du kannst ja mal in der Ausschreibung nachgucken, wen die suchen. Mich jedenfalls nicht!«

Tatsächlich habe ich die Bedingungen der Ausschreibung gar nicht erfüllt. Viele Jahre Berufserfahrung waren gewünscht, und man sollte in ganz vielen Bereichen besonders herausstechen. Überraschenderweise war aber meine Bewerbung überzeugend genug gewesen, um zur ersten Auswahlrunde eingeladen zu werden. Wieder sagte meine Frau: »Ich finde es nicht gut, dass du dorthinfährst.« – »Sieh es doch mal bitte ganz rational«, habe ich geantwortet. »Ich fliege da eh raus. Aber wenn ich Glück habe, kann ich hinterher sagen, ich habe jemanden kennengelernt, der Astronaut geworden ist. Und dann kenne ich einen. Habe wenigstens ein Mal mit einem Astronauten Kaffee getrunken oder ihm die Hand geschüttelt.« Gut, es ist dann anders gekommen.

Phänomenal finde ich, dass sie mich dann trotz ihrer Bedenken von Anfang an wirklich unterstützt hat. Sie hätte mich ja auch meine Ideen allein umsetzen lassen können. Aber sie stand mir bedingungslos zur Seite, war die Managerin der Familie – auch weil ich mir zu selten die Zeit dazu genommen habe. Aus heutiger Sicht würde ich es vielleicht anders machen. Aber was gewesen ist, ist gewesen.

 Rückblickend frage ich mich, wie meine Mutter das alles so hinbekommen hat. Zum Beispiel neben dem wirbeligen Alltag mit vier Kindern für einen zweiwöchigen Skiurlaub mit sechs Personen zu packen – oder überhaupt erst einmal eine geeignete und finanzierbare Ferienwohnung zu finden. Die Logistik im Alltag wie auch auf unseren Reisen hing größtenteils an ihr. Auch an den Wochenenden haben wir viel unternommen: Kulturelles wie Besuche in der Philharmonie, im Cirque du Soleil oder gern auch Ausflüge mit vielen anderen Familien mit Kindern. Die Wohnmobilurlaube, bei denen wir die amerikanischen Nationalparks durchquerten, waren ihr wichtig und gut durchgeplant. So richtig weiß man das wohl erst zu schätzen, wenn man selbst Kinder hat. Wenn man weiß, was das alles an Zeit, Geld und Nerven kostet. Ich schätze es sehr, dass unsere Eltern und besonders meine Mutter diesen Unternehmungen eine solche Priorität eingeräumt haben.

Wir haben das so für uns ebenfalls übernommen – selbst nachdem unsere erste Tochter auf der Welt war, waren mein Mann Daniel und ich am Wochenende an beiden Tagen von morgens bis abends unterwegs. Unsere Kinder haben ein Abo in der Kinderphilharmonie, und wenn wir in den USA sind, sind Nationalparkbesuche – so sehen es auch meine drei Geschwister – Pflicht.

Interessanterweise war es nicht etwa mein Vater, sondern meine Mutter, die mich als Erste auf die Ausschreibung der Initiative »Die Astronautin« aufmerksam machte. Mein Mann schickte mir kurze Zeit später einen Spiegel-Online-Artikel, in dem zur Bewerbung aufgerufen wurde. Beide forderten mich mehr oder weniger direkt auf, mich dort zu bewerben.

Schon während der Auswahl, die stellenweise nervenaufreibend war und einiges an Vorbereitungszeit bedurfte, hat mein Mann mich bedingungslos unterstützt. Es war vollkommen klar, dass ich dafür jetzt Rückhalt brauche, darüber haben wir gar nicht groß gesprochen.

Besonders notwendig war diese Unterstützung in den Monaten direkt nach der finalen Auswahl. Wie bei jedem Start-up sind die ersten Monate sicherlich die intensivsten – das Team muss sich erst finden, Kommunikationsstrukturen aufgebaut und Aufgaben verteilt werden. Noch dazu hatten wir von April bis Juli 2017 eine sehr hohe Medienpräsenz, und das komplett ohne Medienerfahrung meinerseits. Hinzu kam die selbstgesetzte Deadline für meine Promotion Ende Juli, die jede Minute brauchte, die ich irgendwie entbehren konnte. Direkt vor der Auswahl hatte ich Geburtstag, die meisten Glückwunschnachrichten konnte ich jedoch erst vier bis fünf Wochen später, also Ende Mai, lesen. Das waren für mich die bisher beruflich stressigsten Monate.

Noch mal einige Wochen später, irgendwann im Juni, fiel mir auf, dass ich seit Wochen nicht ein Stück Wäsche in der Hand gehalten hatte, geschweige denn mich sonst großartig am Haushalt beteiligt hatte. Dass ich, statt zu staubsaugen, lieber Zeit mit den Kindern verbringe, war für meinen Mann vollkommen selbstverständlich. Und das, obwohl er selbst Vollzeit berufstätig ist und mehrmals pro Woche drei Stunden am Tag nach Frankfurt pendelt. Ihm war jedoch klar, dass es sich um eine vorübergehende Situation handelte, die sich nach ein paar Monaten wieder anders darstellen würde. Dennoch: Diese bedingungslose Unterstützung über so einen langen Zeitraum vom eigenen Partner zu erfahren war wunderschön – umso mehr, weil es ihm selbst so selbstverständlich erschien.

Verantwortung übernehmen

 Meine Eltern haben vier Kindern in sechs Jahren bekommen, ich war die Älteste. Mit einem Vater, der extrem viel unterwegs war, und einer Mutter, die keine Verwandtschaft in der Nähe hatte, hieß das beispielsweise, dass ich im Alter von sechs Jahren auch mal mit meinem jüngeren Bruder allein zu Hause blieb. Warum auch nicht? Überfordert fühlte ich mich dadurch nicht. Ich finde sogar, dass wir Kinder insgesamt sehr wenig Verantwortung übernehmen mussten, auch was die Mitarbeit im Haushalt angeht. Gerade die Gemeinschaftsflächen wurden von sechs

Leuten stark beansprucht – und darum hat sich meine Mutter allein gekümmert. Rückblickend bereue ich das sehr, aber als Kind kommt man wohl nicht von selbst auf die Idee, dass es ganz nett wäre, einfach mal fünf Minuten ungefragt im Haushalt zu helfen.

Meine Frau ist von Berufs wegen Ergotherapeutin. In Amerika durfte sie leider nicht arbeiten. Schade, denn die Kinderbetreuung ist dort planbarer als in Deutschland. Sobald die Kinder schulpflichtig sind, sind sie dort von morgens um neun bis nachmittags um vier Uhr weg. Auch wenn mal eine Lehrkraft krank ist. In Deutschland müssen Eltern dann oft kreativ werden und viel koordinieren, weil die Kinder zum Beispiel einfach früher nach Hause geschickt werden.

In Deutschland waren wir als jüngere Schüler bereits um halb zwölf wieder zu Hause. Und dann gab es jeden Tag ein warmes Mittagessen, bevor wir frei unsere Nachmittage gestaltet haben. Rückblickend finde ich das bewundernswert. Wenn man bei mir überhaupt davon sprechen kann, dass ich in jungen Jahren Verantwortung für andere übernommen habe, dann in der Hinsicht, dass ich meine kleinen Geschwister bei Laune gehalten habe, wenn sie bei einer Wanderung nicht mehr ganz so fröhlich waren und die Stimmung zu kippen drohte. Dann habe ich mir irgendetwas Unterhaltendes für sie ausgedacht. Aber das ist ja eher normales Miteinander als Verantwortung.

Für mich selbst habe ich allerdings schon als Kind viel Verantwortung übernommen – und das fand ich ganz selbstverständlich. Jeden Tag hatte ich ein Hobby: Turnen, Flöten, Pfadfinder … bei so vielen Kindern hätte meine Mutter mich nicht überall hinfahren können. Also war ich viel mit dem Fahrrad unterwegs, mit sieben bin ich auch schon allein mit dem Bus, mit einmal Umsteigen, zur Musikschule gefahren. Mir erschien das damals ganz normal, auch dann, als ich einmal die Haltestelle zum Aussteigen verpasst habe und plötzlich im Nachbarort an der Endstation stand.

Im Alter von zwölf Jahren durfte ich bereits ein Wochenende allein mit einer Freundin zu Hause bleiben, während meine Eltern zu Freunden gefahren sind. Das fanden wir damals aufregend, immerhin durften wir da selbst für uns kochen. Ob es meine Eltern am Sonntagmorgen bei ihrer Ankunft so toll fanden, dass die Essensreste von Freitagabend noch vor dem Fernseher standen, weiß ich ehrlich gesagt nicht.

Als Erstgeborene bekommt man recht früh recht viel Verantwortung aufgehalst. Das geschieht gar nicht absichtlich, sondern nebenbei. Es gab eine Situation, bei der mir erst zu spät klar wurde, was ich von Insa verlangte: Sie war drei Jahre alt und ihr Bruder Tjark anderthalb. Ich musste in eine Bank, um Geld abzuheben. Es war schönes Wetter, und so habe ich zu Insa gesagt: Nimm Tjark an die Hand, und bleib hier draußen stehen. Das hat sie auch getan. Als ich wieder aus der Bank kam, habe ich ihr Gesicht gesehen: mit welcher Anstrengung sie versucht hat, ihren Bruder an der Hand zu halten. Es war die Hauptverkehrsstraße, die Bank lag an der Ecke. Und ich dachte mir: Um Gottes willen, was hast du da gerade eben gemacht? Ich hätte die zwei ja auch mit in die Bank nehmen können, das wäre gar kein Problem gewesen. Es schien mir in diesem Moment schlichtweg einfacher zu sagen: Nimm ihn mal an die Hand, damit er nicht wegspringt. Solche Sachen passieren einfach in einer Familie, auch wenn man sie im Nachhinein anders machen würde. Vielleicht kommt dieses Verhalten auch daher, dass ich selbst das älteste von vier Kindern bin.

Schwimm, oder geh unter

Als wir zum ersten Mal in die USA zogen, war ich in der vierten Klasse. Verstanden habe ich wenig, Englisch gesprochen gar nicht. Ich war jedoch nicht allein: Mein Bruder und noch ein deutscher Bekannter von uns waren auf derselben Schule. Die ersten drei Monaten haben wir ohnehin in einem »Englisch als Fremdsprache«-Kurs zusammen verbracht und waren nur für jeweils drei Stunden getrennt in unseren jeweiligen Jahrgangsstufen, im Matheunterricht beispielsweise. Weil ich darin gut war, hatte es mich dort nicht gestört, dass ich die Lehrerin nicht immer verstand. Die Situation war einfach so, wie sie war – als Neunjährige hatte ich keine andere Wahl, als mich damit zu arrangieren. Und wenn ich ins tiefe Wasser geworfen werde, schwimme ich lieber, als unterzugehen.

Dabei war ich extrem schüchtern und habe als Kind sehr wenig geredet. Das können sich viele heute kaum vorstellen. Vielleicht lag es an der Familiendynamik mit insgesamt sechs Leuten. Ich sehe ja schon bei meiner großen Tochter, dass sie auch mal zurücksteckt für die kleine Schwester, wenn die schon hundemüde ist und die Ältere eigentlich noch etwas machen wollte. Das ist nichts Negatives, aber ich glaube, ein Einzelkind hat es ein bisschen einfacher zu sagen, was es möchte.

In der Schule habe ich also zunächst wenig geredet, konnte dennoch relativ schnell Englisch – doch bereits neun Monate später waren wir schon wieder zurück in Deutschland. Diese neun Monate habe ich nicht als gravierenden Zeitraum empfunden. Die Abschlussklassenfahrt hatte ich verpasst, das war ein bisschen schade. Aber ansonsten fiel es mir leicht, wieder Anschluss zu finden.

Schwieriger war der Umzug nach Houston in der achten Klasse. Das Miteinander der Teenager ist in den USA anders als in Deutschland. Äußerlichkeiten spielen eine größere Rolle, es gibt unausgesprochene Regeln, in welche AGs man geht, zu welchen Gruppen man gehört. Diese sozialen Strukturen muss man erst einmal erkennen und sich dann darin zurechtfinden.

Weil ich gute Noten hatte, wurde ich in die sogenannte »Honor Society« eingeladen, mit einem förmlichen Brief an meine Eltern. Wir konnten nicht einschätzen, was dort auf uns zukommen würde. Gegen 18 Uhr fuhr meine Mutter mit mir zur Abendveranstaltung, beide in Jeans und

T-Shirt. Als wir ankamen, sahen wir, dass sich alle anderen bis über beide Ohren herausgeputzt hatten. Also rasten wir nach Hause, zogen uns schnell irgendetwas halbwegs Passendes an, fuhren wieder zurück zur Veranstaltung und kamen ein bisschen zu spät an. Dort wurden wir der Reihe nach förmlich aufgerufen, bekamen ein Zertifikat überreicht und nahmen anschließend an einem Empfang mit Horsd'œuvre teil – in der achten Klasse. Das erschien uns beiden doch etwas überzogen.

 Insa ist schon eine Art Überfliegerin. In den USA ist der Abschluss der Highschool nach zwölf Jahren üblich. Wer es sich zutraut und nicht auf den Kopf gefallen ist, kann es auch schon nach elf Jahren versuchen. Dazu ging Insa morgens um halb sieben eine Stunde früher als normal in einen Zusatzunterricht, wo sie die nötigen Kurse belegte, um den Abschluss schon früher zu erreichen. Danach ging sie nach einem Sommer an der Harvard University mit Kursen in Astronomie und Logik zurück nach Deutschland, während der Rest der Familie noch in Houston blieb. Mit ihrer alten Stufe durchlief sie dann die 12. und 13. Klasse und machte das Abitur. Das finde ich schon bemerkenswert. Ich hatte aber nicht den Eindruck, dass Insa sich damit überforderte, weder schulisch noch sozial. Übrigens: Nach den gesetzlichen Bestimmungen – wo kommen die eigentlich her? – wäre das gar nicht möglich gewesen. Insa hätte normalerweise trotz amerikanischen Abschlusses in die 11. Klasse zurückgemusst. Damit sie in die 12. Klasse aufgenommen werden konnte, musste der Schulleiter beim Regierungspräsidium in Köln um eine Sondergenehmigung anfragen. Doch dort ließ man sich mit der Beantwortung viel Zeit. Als schließlich auch auf Nachfragen immer noch keine Antwort aus dem Regierungspräsidium kam, entschied der Schulleiter zu Schuljahresbeginn einfach selbst, dass Insa in die 12. Klasse gehen werde. Ich erinnere mich noch gut an seine Worte: »Die – gemeint war das Regierungspräsidium – können sich hinterher gern mit mir auseinandersetzen, wenn sie anderer Auffassung sind.« So konnte Insa neben dem amerikanischen auch das deutsche Abitur machen. Und hätte mit beiden Abschlüssen im Handgepäck problemlos in beiden Ländern studieren können. Insa war schon als Kind sehr wach.

Im Grundschulalter habe ich gern in der Jugendabteilung der Bücherei gestöbert. Typische Kinderbücher wie »Die drei ???«, »Fünf Freunde« und »Hanni und Nanni« habe ich täglich verschlungen, aber besonders haben mich Fantasiewelten wie »Die unendliche Geschichte« oder »Momo« fasziniert. Mein Favorit: »Krabat«, ein Roman von Otfried Preußler, bei dem sich die Hauptfigur mit bösen Mächten einlässt und darin verstrickt, sich aber mithilfe von Willenskraft, Freundschaft und Liebe wieder daraus befreien kann. Das sind nicht unbedingt Bücher, die ich jetzt schon meiner achtjährigen Tochter vorlesen würde, aber mich haben diese verschiedenen Welten fasziniert. Jetzt fehlt es mir leider oft an Zeit, sodass ich – wenn überhaupt – eher mal einen Kriminalroman lese.

Wie ein Satellit

Den Anschluss an meine deutschen Freunde habe ich während unseres zweiten USA-Aufenthalts nur teilweise halten können. Mein Freundeskreis ging eben ohne mich durch die Pubertät. Meine Eltern haben es uns zwar ermöglicht, jeden Sommer nach Hause zu fliegen. Da habe ich dann teilweise wochenlang bei meinen alten Freundinnen gewohnt. Dennoch ist die Verbindung dann nicht mehr so intensiv, wie wenn man sich nahezu täglich sieht. Bis heute hat das Nachwirkungen: Untereinander treffen sie sich noch regelmäßig, und ich bin einfach nicht dabei, obwohl auch ich mit allen befreundet war. Das ist auch nicht schlimm, ich bemerke es nur. Man fühlt sich wie ein Satellit, der außen um die anderen herumkreist. Das hat aber auch Vorteile, denn so konnte ich mich zwischen vielen verschiedenen Freundeskreisen bewegen. Das ist heute noch so.

Die häufigen Wohnortswechsel führen dazu, dass man alles erst einmal von der Außenposition her beobachtet: Wie sind hier die Abläufe, wer ist wer? Und wenn man nach einer Weile zurückkommt: Aha, ihr habt euch auf diese und jene Weise verändert. Das ermöglicht auch die Frage: Und ich? Man selbst ändert sich ja genauso.

In der Rückschau muss ich sagen: Insa war bezüglich der Wohnortswechsel unempfindlich. Sie steuerte das sehr über den Kopf. Ihr Bruder Tjark tat sich da bedeutend schwerer, insbesondere beim letzten Umzug in die USA. Ich glaube, ein Grund war sein Alter, er war damals knapp zwölf Jahre alt. Wir wohnten zuvor in Brühl, Tjark war gerade in dem Alter, in dem er zunehmend selbstständiger wurde und mit dem Fahrrad oder Bus Freunde besuchen oder in die Musikschule fahren konnte. Doch öffentliche Verkehrsmittel sind in Clear Lake, wo wir in den USA lebten, eine glatte Fehlanzeige. Und mit dem Rad zu fahren war schlicht zu gefährlich. Einfach deswegen, weil die Autofahrer keine Radfahrer auf den Straßen gewohnt sind. Ohne Fahrrad und ohne Bus hat es bei Tjark fast ein Jahr gedauert, bis er in Texas »angekommen« ist. Als nach dem ersten Schuljahr in Houston im Mai endlich die langen Sommerferien begannen, nahmen Insa und Tjark beide Einladungen von Freunden in der alten Heimat in Brühl an und verbrachten mehrere Wochen bei deren Familien. Nach diesem Sommer wollte Tjark allerdings nicht mehr nach Deutschland zurück, wohl weil er gemerkt hatte, dass die alte Heimat in seiner Erinnerung eine andere war, als die, die er bei seinem Besuch dort erlebte.

3

Nach den Sternen greifen

Space calling

 Als ich etwa acht oder neun Jahre alt war, machten wir mit der Familie Ferien in den Bergen. Eines späten Abends, auf dem Rückweg vom Essen, war der Himmel über uns besonders klar und zeigte sich mit all seinen leuchtenden Sternen von seiner schönsten Seite. Mein Vater begann, uns einige Sternbilder zu zeigen. Es war bereits frisch geworden, aber wir kannten das Spiel und schauten brav nach oben, als mein Vater uns aufgeregt das Kassiopeia-Bild, diese Sternenkonstellation in Form des Buchstaben »W« zeigte. Und nicht nur das: Die Nacht war so klar, dass Papa uns auf einen kleinen, verschmierten Lichtfleck direkt unterhalb der Kassiopeia aufmerksam machte. Was das wohl sein mag, fragte er uns. Mir war klar: Es ist kein Stern, kein Planet, denn die konnte ich erkennen und unterscheiden. Aber was dann? Mein Vater erklärte uns, dass es sich dabei um die Andromedagalaxie handelte – die einzige andere Galaxie und das fernste Objekt, das man von der Erde aus regelmäßig mit bloßem Auge erkennen kann.

Es dauerte ein wenig, bis ich realisierte, welche Tragweite dieser Lichtfleck hat: Moment mal, eine *andere* Galaxie?! Meinem achtjährigen Ich war zwar schon bewusst, dass wir in einem Sonnensystem mit – damals noch –

neun Planeten leben, und auch dass sich dieses in einem der äußeren Arme der spiralförmigen Milchstraße befindet. Aber bisher war mir nie in den Sinn gekommen, dass es *mehr* als eine Galaxie im Universum geben könnte. Mein eigenes kindliches Universum dehnte sich in diesem Moment gewaltig aus. Mit dieser Expansion kamen im Laufe der Zeit mehr und mehr Fragen. Fragen, auf die ich auch heute noch keine Antwort habe: Welchen Platz haben wir in diesen unendlichen Weiten? Wo sind wir genau? Warum sind wir hier? Gibt es noch anderes Leben da draußen? Selbst wenn ja, erklärte mein Vater später, können wir es nicht wissen. Denn das Licht, das uns von dieser Galaxie erreicht, ist zweieinhalb Millionen Jahre alt. Es könnte also durchaus sein, dass irgendjemand dort draußen möglicherweise gerade ein Buch liest und sich dabei ganz ähnliche Fragen stellt.

Dieser Moment legte sicherlich einen Grundstein für mein Interesse am Weltall im Allgemeinen und der Raumfahrt im Speziellen. Ich wollte den Weltraum erforschen und verstehen, welchen Platz die Erde – und wir auf ihr – im Universum haben. Wenn man dann noch wie wir im Umfeld der NASA aufwächst, scheint der Beruf »Astronautin« gewissermaßen zum Greifen nahe. Ganz selbstverständlich bekam ich immer mehr mit, wie Astronauten trainieren, und so wuchs auch mein Interesse daran. Ganz besonders spannend fand ich, dass man Einblick in so viele Wissenschaftsbereiche bekommt – und auch dass man an seine physischen und psychischen Belastungsgrenzen herangeführt wird. Durch solche Grenzerfahrungen entwickeln wir Menschen ja ein immer besseres Gespür dafür, wer wir eigentlich sind und wozu wir in der Lage sind. Und das ist oft weit mehr, als man ursprünglich für möglich gehalten hätte. So kam es, dass ich mit der Zeit immer »Astronautin« antwortete, wenn ich nach meinem Berufswunsch gefragt wurde.

 In vielen öffentlichen Auftritten kehrt eine Frage mit so schöner Regelmäßigkeit wieder, dass sie vermutlich ohne langes Abzählen einen sicheren Platz auf dem Podium der drei am häufigsten gestellten Fragen erreicht: Warum wollten Sie/warum wolltest du Astronaut werden?

»Warum«-Fragen sind wichtig: Warum ist der Himmel blau? Warum summt die Biene? Warum geht jeden Morgen die Sonne auf? Und abends unter? Diese Fragen scheinen nur auf den ersten Blick naiv und setzen sich später in immer anderer Form, anderen Zusammenhängen fort und gipfeln vielleicht in der Frage: Warum gibt es mich überhaupt?

Warum sind »Warum«-Fragen so wichtig? Sie zeugen von unserer Neugierde, also der Gier, etwas Neues zu lernen, zu erfahren. Dabei mag das Wort Gier irritieren, wird es doch gern durch das Wort »maßlos« noch weiter negativ befrachtet, doch trifft auch das Verständnis des heftigen, des aufrichtigen Verlangens in diesem Kontext zu. Und das Verlangen, der Drang, Neues zu lernen, ist ein Wesenszug des Menschen, insbesondere in seinen jüngeren Jahren. Vielleicht ist die Behauptung nicht zu weit gegriffen, dass nur der Mensch jung bleibt, der auch in den späteren Lebensjahren immer noch dazulernt. Das Wort »Warum« prägt uns und kann uns ein Leben lang begleiten.

Es gibt »Warum«-Fragen, die nicht beantwortet werden können, und zwar prinzipiell nicht beantwortet werden können. Die Frage »Warum wolltest du Astronaut werden?« gehört in diese Kategorie. Das sieht man schon daran, dass die Antworten darauf ganz unterschiedlich ausfallen, je nachdem, wen man fragt. Ganz ähnlich verhält es sich mit der Frage, warum ich mich gerade in diese Frau verliebt habe und nicht in jene andere? Egal, welche Antworten wir auf solche Fragen versuchen zu formulieren: Wir stellen schnell fest, dass einzelne Erklärungen unbefriedigende Antwortversuche bleiben müssen. Es ist auch gar nicht wichtig, eine wirklich alles überzeugende und überprüfbare Antwort auf diese Art der »Warum«-Fragen zu finden. Wirklich wichtig ist zu wissen: Ich will Astronaut werden, ich bin in diese Frau verliebt. Warum? Das ist völlig zweitrangig. Im Leben ist es oft wichtiger zu wissen, was man will, ohne dass man immer genau weiß, warum man genau diesen Wunsch hat und keinen anderen.

Bei mir wurde das entscheidende Samenkorn für die Liebe zur Raumfahrt vermutlich durch den Start der Gemini 3 gelegt. Ich bin 1953 geboren, acht Jahre nach dem Zweiten Weltkrieg. Das Umfeld, in dem wir aufgewachsen sind, ist heute zum Glück für viele gar nicht mehr vorstellbar. Ich komme aus keinem begüterten Elternhaus, das Geld reichte gerade so eben für die sechsköpfige Familie. Meine Eltern mussten sich gewaltig nach der Decke strecken, um uns den Besuch des Gymnasiums zu ermöglichen. Die Ausbildung für die Kinder wurde dabei nie infrage gestellt. Erst 1965 leisteten sich meine Eltern das erste Fernsehgerät. Einen kleinen grauschwarzen Kasten, der in einer Ecke des Esszimmers stand und den wir Kinder allenfalls aus respektvoller Entfernung ansehen, aber auf keinen Fall anfassen durften. Damals war ich noch keine zwölf Jahre alt. Wie das so ist: Wenn man etwas Neues besitzt, dann ist das ganz besonders spannend. Und so lief der Fernseher jeden Abend, beim Abendessen begleitete uns eine Förstersendung des Vorabendprogramms. Bis meine Mutter schnell erkannte: »Dieser Kasten macht jegliche Kommunikation kaputt, der bleibt ab sofort aus.« Zum Glück hatte sie diese Erkenntnis spät genug, ich konnte noch den Start von Gemini 3 sehen.

Gemini 3

Der erste Flug eines US-amerikanischen Zwei-Mann-Raumschiffs startete am 23. März 1965 und dauerte vier Stunden und 52 Minuten. Die Astronauten Gus Grissom und John Young drehten drei Runden um die Erde, bis die Bremsraketen wieder gezündet wurden. Für Aufregung sorgte ein Sandwich, das Young für Grissom mit an Bord gebracht hatte: Die Brösel flogen in der Schwerelosigkeit herum.

Die Bilder, die in unser Esszimmer geflimmert sind, schwarz-weiß und leicht verwackelt, waren nichtsdestotrotz spektakulär. Gus Grissom und John Young stapften in ihren weißen Raumanzügen zur Rakete, in ihrer Hand ein kleines ebenso weißes Köfferchen. Die Titan-II-Rakete war nur etwas mehr als dreißig Meter hoch, doch auf mich wirkte sie unwirklich groß, gewaltig, überdimensional. Vermutlich saß ich mit offenem Mund vor dem Fernsehgerät, und während ich nicht wirklich verstand, was da

gerade passierte, ahnte ich doch, dass es etwas ganz Besonderes sein musste. Das war meine erste Begegnung mit der Raumfahrt.

Seitdem verschlang ich alles, was mit dem Weltraum zu tun hatte. Die üb-
liche Kinder- oder Jugendliteratur – Fehlanzeige, mit Ausnahme von Karl
May. Diese ausgeprägte Vorliebe für alles, was nur im Entferntesten mit
dem Weltraum oder der Raumfahrt zusammenhing, war für meine Eltern
vermutlich auch anstrengend. Dafür hatten sie es an Weihnachten einfacher: Der neueste Band von »Das Neue Universum« lag regelmäßig unter
dem Tannenbaum. Ebenso »Das große Jugendbuch«, bei dem ich mich
vor allem auf die Abenteuergeschichten konzentrierte. Und die Rätselauf-
gaben, die für den Kopf mit Vorliebe für abstraktes Denken eine willkom-
mene Herausforderung waren.

Die Zahlenwelt übte schon früh einen großen Reiz auf mich aus, wie mir
sehr viel später mein Vater einmal erzählte. Ich war vier Jahre alt, meine
Eltern waren bereits ins Bett gegangen, aber aus dem Kinderzimmer, in
dem mein Bruder und ich schliefen, drang immer noch leises Gemurmel.
Als mein Vater hereinkam, um für Ruhe zu sorgen, war er auf meine Antwort nicht gefasst: »Ich bin jetzt bei 3487, jetzt kann ich einschlafen.« Da
hatte ich in diesem jungen Alter also schon ganz schön weit gezählt. Diese Neigung für Abstraktes begleitet mich mein ganzes Leben. Noch heute
ist der Begriff des Abstrakten für mich mit dem Schönen verbunden. Und
dem Einfachen. Was sich auch in der Kunst zeigt: Miró begeistert mich,
Mark Rothko berührt mich, insbesondere seine Gemälde in der Rothko-
Kapelle in Houston, und das Fenster von Gerhard Richter im Kölner Dom
ist einfach genial. Natürlich liebe ich nicht nur abstrakte Kunst, vielleicht
ist der Zugang zu ihr einfach ein besonderer. Nicht anders ist es in der
Musik. Ich liebe die minimalistische Musik von Steve Reich, und Philip
Glass versetzt mich mit »Dance« jedes Mal aufs Neue in eine andere Welt.

Als Jugendlicher hätte ich mir ein Fernrohr gewünscht, doch das konnten
wir uns unmöglich leisten. Meine Mutter hatte da einen sehr praktischen
Sinn, meine romantischen Schwärmereien passten nicht zu dem alltäg-

lich Notwendigen. Wohl auch deswegen haben wir unseren beiden großen Kindern Insa und Tjark zur Konfirmation je ein Teleskop geschenkt. Auch wenn wir es gemeinsam eher selten genutzt haben – jedes Mal ergeben sich beim Blick durch das Fernrohr ganz besondere Momente. Bei Insa steht das Teleskop heute im Wohnzimmer und ist schnell auf dem Balkon aufgebaut. Einfach so die Ringe des Saturn oder die Monde des Jupiters anschauen können, das hat schon was.

Astronaut*in werden

Nach der Schule ging es für mich erst einmal zur Marine, doch mein Berufswunsch war Astronom. Am liebsten hätte ich gleich nach meiner Zeit bei der Bundeswehr Astronomie studiert, doch als reines Studienfach gab es das nicht. Nur als Nebenfach wurde es an einigen wenigen Universitäten angeboten: in München, Tübingen, Göttingen, Heidelberg, ich glaube, auch in Bonn. Von diesen Städten hat mich München am meisten gereizt, und so habe ich dort Physik studiert. Mit Nebenfach Astronomie, obwohl das eigentlich erst nach dem Vordiplom vorgesehen war. Gleich im ersten Semester habe ich dort die ersten Astronomievorlesungen belegt, ein Fehler, den ich heute nicht mehr machen würde. Einer der Astronomieprofessoren, der natürlich seine Pappenheimer kannte und die Erstsemester sofort identifiziert hatte, sagte: »Wenn Sie Erstsemester sind, dann will ich Sie aus meiner Vorlesung nicht rauswerfen, aber ich empfehle Ihnen, das nächste Mal nicht mehr zu kommen. Es reicht völlig, wenn Sie sich nach dem Vordiplom mit Astronomie beschäftigen. Lernen Sie erst einmal die physikalischen Grundlagen. Nehmen Sie sich alle Zeit, die Sie jetzt haben, lernen Sie die Physik, und steigen Sie nicht gleich in die Astronomie ein.« Dieser gut gemeinte Rat ging leider völlig an mir vorbei. Heute sage ich mir selbst: »Hättest du mal etwas besser zugehört.« Bis heute fehlen mir in einigen Bereichen der Physik Grundlagen, die ich früher hätte besser lernen können.

Meine Diplomarbeit schrieb ich über ein sogenanntes »Infrarotphotometer«. Alle Informationen, die Sterne uns zusenden, bekommen wir ausschließlich über elektromagnetische Wellen, von denen das Licht ein Teil ist – der, den wir sehen können. Aber es gibt auch noch Strahlung in höheren und in tieferen Frequenzen, die uns erreicht. Direkt an den langwelligen Bereich im Sichtbaren, das ist die Farbe Rot, schließt sich das für uns unsichtbare Infrarot an, das fühlen wir zum Beispiel als Wärme. Dieser Wellenlängenbereich ist in der Astronomie interessant, weil er unter anderem aus Sternentstehungsgebieten stammt. Junge Sterne sind sehr heiß und heizen den umgebenden Staub auf, von einer Weltalltemperatur von minus 70 bis minus 100 °C oder noch kälter auf plus 1000 °C oder mehr. So kann man indirekt, wenn man diese Gebiete untersucht, sehr viel über Sternentstehungsprozesse lernen: Wie Sterne sich formieren, was die Bedingungen dafür sind. Darüber habe ich 1981 am Max-Planck-Institut für Astronomie in Heidelberg mit unserer Arbeitsgruppe ein Messgerät entwickelt, das diese Strahlung messen kann.

 Mein Vater und ich haben dieses Buch in einem interaktiven Prozess erstellt. Deshalb habe ich erst beim Lesen seiner Zeilen hier festgestellt, dass wir uns ähnlicher sind als gedacht: Meine Facharbeit in der 12. Klasse schrieb ich in Physik. Thema? »Infrarotphotometer und deren Nutzung in der Astronomie.« Dass Papa dazu seine Diplomarbeit geschrieben hatte, wusste ich gar nicht! Auch ich habe Astronomie im Nebenfach belegt – einmal an der Harvard University während einer Sommerschule dort, später auch im Studium.

Aber so ging es öfter: Ich schreibe mich an der Universität Bonn für Meteorologie ein, und erfahre erst zwei Jahre später, dass mein Vater in Ozeanografie promoviert hat – die Bereiche sind sich extrem ähnlich, sodass er tatsächlich die meisten Antworten zu meinen Vordiplomsprüfungsfragen wusste. Einfach so! Ich hatte dafür wochenlang gelernt. Ist das ernüchternd? Definitiv.

Charakter – Wie sind Astronaut*innen denn so?

 Trotz aller Vorliebe für das Abstrakte habe ich auch einen Hang zur Romantik, am besten verbunden mit dem Neuen, dem Unbekannten, mit dem, wo man sich ausprobieren kann. Es war klar, dass ich nach der Schule zur Bundeswehr gehen und mich für zwei Jahre verpflichten würde, um zum Reserveoffizier in der Marine ausgebildet zu werden. Zum Ersten dauerte die Wehrpflicht Anfang der 70er-Jahre des letzten Jahrhunderts noch 18 Monate. Eine zweijährige Dienstzeit war also nur ein halbes Jahr länger, als der normale Wehrdienst ohnehin gedauert hätte. Zum Zweiten begann das Physikstudium im Wintersemester, ich hätte nach dem regulären Wehrdienst ohnehin noch ein halbes Jahr auf den Studienbeginn warten müssen. Aber das Entscheidende war die Aussicht, auf dem Segelschulschiff der Marine, der »Gorch Fock«, mitzufahren.

Zwei Tage vor dem Auslaufen aus dem Heimathafen in Kiel wurde ich auf die »Gorch Fock« abkommandiert. Meine Crewkameraden hatten bereits zwei Wochen intensiver Ausbildung hinter sich, mir wurde in einer Art Schnelldurchgang das Notwendigste beigebracht. Da ich ganz gut klettern konnte, weil ich leicht war und einigermaßen flink, schnitt ich bei den Kletterübungen im Masten, dem Aufentern, wohl ganz gut ab. Jedenfalls bekam ich meine Wunschsegelstation. Großroyal, also die oberste Rah am mittleren Mast, dem Großmasten.

Es war eine romantische Vorstellung, auf der »Gorch Fock« zu segeln. Eine Seefahrt mit Wind, Wasser und Wellen ist etwas ganz anderes als eine mit Motoren. Diese romantische Veranlagung in mir hat mich möglicherweise ein Stück weit dazu beflügelt, mich nach den Sternen zu strecken.

Sport hat mir großen Spaß gemacht, solange ich zurückdenken kann. Schon als Kind habe ich erst auf der Straße und dann auf dem Bolzplatz Fußball gespielt. Allerdings war ich nie ein guter Techniker, mit meinen jüngeren Brüdern Thomas und Martin konnte ich nicht Schritt halten, mit Martin erst recht nicht. Meine Stärke waren Ausdauer und Unermüdlichkeit. Aufgeben? Ein Fremdwort. Wenn man so will, war ich immer Herbert »Hacki« Wimmer, nie Günter Netzer. Beide waren prägende Spieler der Mannschaft Borussia Mönchengladbach Mitte der 60er- und Anfang der 70er-Jahre. Die »Fohlenmannschaft«, wie sie wegen ihres frischen unbekümmerten Fußballes allen Fußballfans bekannt war. Das galt sogar für junge Anhänger von Bayern München wie mich. Netzer war der Mann für die genialen Pässe und die genialen Momente. Und Hacki Wimmer war der, der hinter ihm aufgeräumt und Netzer ermöglicht hat, genial zu sein. Der Arbeiter, der viel gelaufen ist. Löcher zugestopft hat. Hacki Wimmer war nicht der Mann für das Glamouröse, aber ohne ihn wäre das Glamouröse nicht möglich gewesen.

Da sehe ich durchaus Parallelen zu mir. Ich bin eher der, der schaut, wo es gerade nicht läuft oder hakt, der Löcher stopft. Es kommt darauf an, das Ganze im Blick zu behalten. Was ist jetzt gerade notwendig? Und auch dabei gelingt hin und wieder ein genialer Pass, wo man sich verwundert die Augen reibt und fragt, wie das denn möglich war.

Manche fragen, ob Insa und mich besondere Charaktereigenschaften vereinen, die der Astronautentätigkeit zuträglich sind. Die Frage ist naheliegend. Aber ich zögere mit einer Antwort. Denn hinter der Frage steckt die Annahme, es gäbe einen ganz bestimmten Charakterzug oder zwei, die notwendig sind, um Astronaut*in zu werden – und wenn man die nicht hat, dann kann man eben nicht Astronaut*in werden. Ganz so ist es aber nicht. Wir Menschen suchen gern nach einfachen Erklärungen. Natürlich gibt es Dinge, die Insa und ich gemeinsam haben. Aber vieles ist eben auch unterschiedlich. Sowohl Insa als auch meine Frau haben beide die Fähigkeit, Abläufe sehr organisiert und strukturiert anzugehen – und trotzdem flexibel zu reagieren, wenn es dann doch anders kommt. So schaffen sie es, jeweils ein enormes Pensum an Aufgaben zu bewältigen. Ich hingegen lasse die Dinge eher auf mich zukommen.

 Wie uns während der Auswahl erklärt wurde, geht es als Astronautin nicht darum, in jedem Bereich die absolute Spitzenleistung zu erzielen – wichtig ist, dass in allen Bereichen keine Leistung unterdurchschnittlich ist. Eine Kandidatin also, die auf einer Skala von 1 bis 9 in jedem Test eine 5 oder darüber erzielt, ist einer Kandidatin vorzuziehen, die zwar in fast allen Tests eine 8 oder 9 erreicht, in anderen aber nur eine 1 oder 2. Das trifft sich in meinem Fall ganz gut. Auch wenn ich es in der Schule immer recht leicht hatte, war ich mehr in der Breite gut als in der Tiefe. Das hat sich im Studium so fortgesetzt: Ich kannte zwar die notwendigen Beweise, um meine Lineare-Algebra-Aufgaben zu lösen, aber es war mir vollkommen gleich, ob man diese durch Anwenden bestimmter noch zu entdeckender Prinzipien vielleicht verbessern könne.

Genauso gibt es sicherlich nicht »die eine« Charaktereigenschaft, die eine Astronautin oder ein Astronaut besitzen muss. Aber was ich bei vielen der mir im Laufe meiner Kindheit bekannt gewordenen Astronauten bemerkt habe, ist eine Mischung aus Entschlossenheit und Hartnäckigkeit mit einem gewissen Hang zum Pragmatismus, die perfekt durch das englische Wort »determination« wiedergegeben wird.

Manchmal wird das Wort auch mit »Ehrgeiz« übersetzt. Dabei würde ich meinen Vater und mich nicht als besonders ehrgeizig bezeichnen, zumindest nicht, wenn es darum geht, sich mit anderen zu vergleichen. Ob mein Gegenüber eine bessere Note oder eine bessere Leistung erzielt, ist mir meistens vollkommen gleichgültig. Aber wenn es darum geht, mir selbst etwas zu beweisen, kann ich gar nicht ehrgeizig genug sein. Diesen Sommer konnte ich aufgrund der Schwangerschaft nicht mehr viel laufen und war deshalb auf der Suche nach einer neuen Sportart. Naheliegt natürlich das Schwimmen, aber die letzten 35 Jahre bin ich hervorragend mit meiner leichten Aversion gegen Schwimmbäder durchs Leben gekommen – Wasser ist einfach nicht mein bevorzugtes Element. Was muss, das muss – mir war aber klar, dass es nicht einfach werden würde, meinen inneren Schweinehund zu bekämpfen. Meine Kinder machen gerade die

Schwimmabzeichen, und so kam ich auf die Idee, das Goldabzeichen für Erwachsene zu machen. Mit so einem Ziel schaffe ich es sogar, mich freiwillig ins kalte Wasser zu stürzen und 40 Bahnen zu ziehen. Ansonsten würde ich vermutlich allein beim Gedanken daran auf dem Sofa sitzen bleiben. Tatsächlich ist dieses Abzeichen für untrainierte Schwimmer wie mich gar nicht so leicht: 100 Meter in 2:10 Minuten sind ohne die richtige Technik nicht machbar. Also habe ich gleich noch Schwimmunterricht dazugebucht und endlich mal Kraulen gelernt – das konnte ich noch nie. Jetzt macht es mir sogar Spaß, auch wenn ich Schwimmbäder immer noch wenig reizvoll finde.

Vater-Tochter-Gespräch: Star Wars oder Star Trek?

Ich bin kein Science-Fiction-Fan. Zu Star Wars bin ich gekommen wie die Jungfrau zum Kind. Kevin, unser Commander, hat kurz vor unserer Mission herausgefunden, dass ich noch nie Star Wars gesehen hatte. Sein Verdikt war klar und deutlich: »Niemand betritt mein Raumschiff, ohne vorher Star Wars gesehen zu haben.«

Und während der letzten drei Tage Quarantäne in den Crew Quarters im Kennedy Space Center stand auf meinen Dienstplan tatsächlich: Star Wars 4, Star Wars 5, Star Wars 6. Nicht nur das! Neben meinem Namen standen einmal Mamoru und zweimal Janet, weitere Kollegen der Mission. Wohl als Aufpasser, damit ich nicht nur die Videokassette reinschiebe und dann heimlich den Raum verlasse.

So, wie ich früher meine Blockflötenstücke auf Kassette aufgenommen habe, und wenn ich üben sollte, diese laut abgespielt habe, während ich daneben ein Buch las.

Hast du?! Jedenfalls hat mir Star Wars gefallen, ich habe mich auf Teil sieben gefreut und mir dann auch eins, zwei und drei angesehen. Heute habe ich ein etwas ambivalentes Verhältnis dazu, weil es uns offensichtlich nicht gelingt, diese außerirdischen Welten anders zu denken als nur in Zwietracht und Kampf.

Kennst du Star Trek?

Kaum.

Star Wars ist mir zu viel Krieg und Schießerei. Mir gefällt Star Trek deutlich besser. Als Kind durften wir ja nur »Die Sendung mit der Maus« und die »Augsburger Puppenkiste« gucken. Bei meiner Freundin allerdings, da hat der große Bruder immer Star Trek geschaut. Dort habe ich oft mitgeguckt. Star Trek ist divers und – wie ich in späteren Jahren schätzen gelernt habe: Die Frauen spielen dort ausgearbeitete, verantwortungsvolle Rollen. Auch als Wissenschaftlerin findet man bei Star Trek viele Charaktere, mit denen man sich gut identifizieren kann.

Neben dem offiziellen Fernsehprogramm der Familie Thiele muss es auch ein inoffizielles gegeben haben. Das haben wir herausgefunden als Tjark in der 5. Klasse auf die Frage nach seiner Lieblingssendung »Tatort« in sein Hausaufgabenheft geschrieben hat. Während wir sonntagabends tanzen gingen, schauten sich die beiden Großen zu Hause heimlich den Krimi an. Allerdings nie bis zum Ende, weil wir immer eine Viertelstunde vorher nach Hause kamen. Ich möchte nur wissen, wie ihr damit leben konntet, nicht zu wissen, ob der Bösewicht auch zur Strecke gebracht worden ist.

Deine Einschätzung von Star Wars teile ich, Insa. Das ist genau das, was mich daran zunehmend stört. Teil sieben fand ich noch ganz okay, von Teil acht war ich dann wirklich enttäuscht, um ehrlich zu sein. Trotzdem möchte ich natürlich das Ende der Geschichte erfahren. Deswegen werde ich mir auch Star Wars Teil neun ansehen, aber den besten Star Wars insgesamt, nach vier, fünf, sechs, war für mich eindeutig »Rogue One«. Der weicht etwas von den üblichen Klischees ab. Vielleicht machen wir ja mal einen gemeinsamen Star-Trek-Filmabend?

4

Ausgewählt werden

Die Bewerbung – einfach mal probieren

 Ich habe einfach riesiges Glück gehabt und war zur rechten Zeit an der rechten Stelle. Deutschland hatte in den 80er-Jahren noch ein nationales astronautisches Raumfahrtprogramm. 1985 war die deutsch-amerikanische D1-Mission gerade erfolgreich geflogen, und Deutschland plante weitere Spacelab-Missionen. Das Spacelab ist ein wiederverwendbares Raumlabor, das in der Ladebucht des Space Shuttle montiert war und Forschung und Experimente unter den schwerelosen Bedingungen im Weltall ermöglichte. Erst Mitte der 90er-Jahre haben sich die raumfahrenden Länder in Europa darauf verständigt, die nationalen astronautischen Aktivitäten zu bündeln und in das ohnehin existierende Raumfahrtprogramm der ESA zu überführen. So flog Alexander Gerst im Juni 2018 als ESA-Astronaut zur Internationalen Raumstation ISS.

D1-Mission

Diese Mission gilt als eine Sternstunde der europäischen Raumfahrt. Erstmals wurde der Wissenschaftsbetrieb des von der ESA entwickelten Spacelabs von einem Raumfahrtkontrollzentrum außerhalb der USA gesteuert: dem Kontrollzentrum Oberpfaffenhofen. Im Frachtraum der Raumfähre Challenger umrundete die Besatzung, die drei europäischen Astronauten Wubbo Ockels, Ernst Messerschmid und Reinhard Furrer mit ihren fünf US-Kollegen 110-mal die Erde. Dabei führten sie 75 Experimente aus den Bereichen Physiologie, Materialwissenschaften, Biologie und Navigation durch. Insgesamt war es der vierte Einsatz des Weltraumlabors Spacelab.

In Europa gibt es traditionell zwei starke Raumfahrtnationen, Frankreich und Deutschland. Frankreich war mehr am Transport und Zugang zum Weltraum interessiert und Deutschland eher an der Wissenschaft im All. Deswegen gab es in Deutschland hochfliegende Pläne. Die D1-Mission sollte erst der Anfang sein, danach würde es mit D2, D3, D4 noch wenigstens drei weitere Spacelab-Missionen gemeinsam mit Amerika geben. Ich habe sogar Plakate gesehen, auf denen D13 und D14 stand. Ich war zu jung, um zu sehen, dass hier Traum und Wirklichkeit miteinander vermischt wurden. Ich wusste nur, da willst du mit dabei sein! Damals hatte man die Vorstellung, man könne vielleicht alle zwei Jahre eine Spacelab-Mission durchführen. Zu diesem Zweck suchte die damalige Deutsche Forschungs- und Versuchsanstalt für Luft- und Raumfahrt (DFVLR), das heutige DLR, im Jahr 1985 neue Astronauten. Ich war im Herbst 1985 gerade mit meiner Promotion fertig geworden und auf dem Sprung nach Princeton in den USA, wo ich einen Job als Gastwissenschaftler ergattert hatte. Das hinderte mich jedoch nicht daran, mich beim DLR als Astronaut zu bewerben.

Dann kam der 28. Januar 1986. Der Tag, an dem Challenger verunglückte und der die Raumfahrt veränderte. Das Auswahlverfahren in Deutschland wurde auf Eis gelegt, weil nicht klar war, wie es mit der amerikanischen Raumfahrt und unserer Kooperation weitergeht. Dieser Zeitraum der Unsicherheit und Neufindung in der Raumfahrt, das waren genau die zwei Jahre, die ich in Princeton verbrachte.

Als dann endlich klar war, dass es weitergeht mit der astronautischen Raumfahrt, konnte ich zwei zusätzliche Berufsjahre vorweisen, Auslandserfahrung, und ich sprach fließend Englisch, was ich vorher definitiv nicht von mir behaupten konnte. Ich würde also ein paar Kriterien besser erfüllen als zum Zeitpunkt meiner Bewerbung. Und so wurde ich zu den Tests nach Hamburg eingeladen.

Dass ich überhaupt eingeladen wurde, hat mich extrem überrascht. Ich hatte es zwar gehofft und mir erträumt, aber definitiv nicht damit gerechnet. Allein die Einladung fühlte sich ja schon wie eine Auszeichnung an. Ich sagte mir: Na ja, jetzt schaust du mal, wie weit du kommst. Ich wollte einfach von einem Schritt zum nächsten denken. Es hilft nicht, wenn man sich vorher ausmalt: Was passiert, wenn … Das macht nur unnötig nervös und lenkt von dem ab, was genau jetzt im aktuellen Augenblick zu tun ist.

Die kognitiven Tests – volle Konzentration

 Der psychologische und medizinische Teil des Auswahlverfahrens wurde für Bewerber, die wie ich in den USA wohnten, in einem Zweiwochen-Block zusammengefasst. In der ersten psychologischen Auswahlrunde wurden unsere kognitiven Fähigkeiten getestet. Volker Damann, lange Jahre Leiter von »Medical Operations« am EAC, quasi der Oberarzt des Astronauten-Ausbildungszentrums, sagte immer: »Wir wollen wissen, wie das Gehirn verdrahtet ist.« Wie schnell kann jemand Informationen aufnehmen, verarbeiten, die wichtigen von den unwichtigen trennen und so weiter. Natürlich wird auch das Hintergrundwissen ein bisschen abgeklopft: Ist ein bestimmtes technisch-naturwissenschaftliches Verständnis vorhanden? Wie gut sind die Englischkenntnisse? Da

habe ich von meinem Aufenthalt in den USA profitiert. Dieser Testbereich war 2017 bei Insa sehr, sehr ähnlich. Die Tests sind zwar weiterentwickelt worden, was aber abgefragt wurde, war im Prinzip das Gleiche.

Bei den kognitiven Tests wird zum Beispiel geprüft: Wie schnell kann jemand arbeiten, ohne Fehler zu machen? Auf einem Blatt Papier voller kleiner Buchstaben müssen alle »p«s und »q«s durchgestrichen werden. Versehentlich streicht man auch mal ein »b« durch. Am Ende wird geschaut, wie weit man durch die Buchstabenreihen gekommen ist, wie viele »p«s und »q«s man übersehen hat und wie viele Buchstaben falsch angestrichen wurden? Eine interessante Beobachtung: Die meisten Kandidaten haben eine recht gleichbleibende Fehlerquote, unabhängig von der Zahl der Buchstaben, die sie bearbeitet haben. Jemand, der 300 Buchstaben bearbeitet hat, macht auch nicht mehr Fehler, als jemand, der nur auf 200 Buchstaben gekommen ist.

Bei einem anderen Test ging es um die Merkfähigkeit. Eine Stimme sagte einstellige Zahlen vor. Und die sollten wir uns merken. Die Zahlenreihe war unterschiedlich lang, manchmal waren es vielleicht nur vier Zahlen, es konnten aber auch mehr als zehn sein. Also: 4, 8, 7, 9, 3, 5, 1, 6, piep. Ein Piepton beendete die Zahlenreihe, und wir sollten die Zahlen in umgekehrter Reihenfolge aufschreiben. 6, 1 – was war nochmal vor der 1? Es fing an mit 4, 8, 7 … Und während man krampfhaft versucht, sich zu erinnern, beginnt bereits die nächste Zahlenfolge. Schnell noch 6 und 1 hingeschrieben und sich auf das konzentrieren, was einem der Kopfhörer erzählt. Was sich eigentlich relativ einfach anhört – eine bekannte Reihenfolge rückwärts aufzuschreiben –, ist alles andere als trivial. Wer das nicht glaubt, kann gern einmal das Alphabet rückwärts aufsagen – und zwar möglichst schnell. Und das kennen wir schon lange auswendig und haben es uns nicht gerade erst merken müssen. Um diesen Test zu bewältigen, bedarf es also einer guten Strategie. Man kann sich beispielsweise gleich vornehmen, nur einen Fünferpack zu behalten und nicht auch noch die sechste und siebte Zahl, weil das eh schiefgehen würde.

Bei unserer Auswahl war es so, dass immer nach zwei bis drei absolvierten Tests ein Psychologe in den Warteraum kam und sagte: »Frau Sowieso, Herr Sowieso, kommen Sie bitte mit.« Ich habe einen halben Tag gebraucht, um zu verstehen, was das heißt: Diese Bewerber sahen wir nicht mehr wieder, was nichts anderes bedeutete, als dass sie ausgeschieden waren. Die Namen wurden schön brav immer in alphabetischer Reihenfolge vorgelesen – wenn man Thiele heißt, hofft man, dass bald der Name Urbach oder Vogel fällt. Vermutlich war das Nervenflattern, das man da aushalten durfte, ein gutes Training für das, was noch kommen sollte.

Neun Stunden lang saßen wir bei den Tests mit den anderen Bewerberinnen in einem Raum – ein Rechner neben dem nächsten. Zwei Tests, dann Pause. Zwei Tests, wieder eine Pause. Jeder einzelne Test ging auf Zeit. Das war intensiv. Die Aufgaben, insbesondere bei Mathe und Physik, waren zwar nicht auf Universitätsniveau, aber wenn man nur 20 Minuten für 20 Aufgaben bekommt, kann das schon stressig werden. Zudem war klar, dass im Anschluss an diese Tests nur 30 Kandidatinnen weiterkommen – und ich war umringt von Frauen mit absolut beeindruckenden Lebensläufen.

Es ist üblich, dass die Kandidat*innen vor der Auswahl Zugang zu Trainingsmodulen für gewisse Tests erhalten. So probiert man, allen eine möglichst gleiche Chance zu geben. Denn eine Physikerin wird kaum Übung im technischen Verständnis benötigen, eine Archäologin hingegen vielleicht schon. Außerdem hilft es, wenn man mit der im Test verwendeten Symbolik, wie ([)] und Ähnlichem, vertraut ist. Wenn man merkt, dass die Symbole von einer Runde zur nächsten nur aufrutschen, eine Spalte also gleich bleibt, erleichtert das die Arbeit sehr. Über 80 Kandidatinnen waren in einer WhatsApp-Gruppe vernetzt, und so haben wir uns bereits im Vorfeld oft ausgetauscht – welche Antwort ist bei Frage 3 der Matheübungsaufgaben richtig, welches Buch ist hilfreich für eine Auffrischung der Physikkenntnisse?

Ich hatte mir Wochen vorher einen Plan erstellt, um den Überblick darüber zu behalten, welche Tests ich wann üben muss. Mir war schnell klar: Sorgen macht mir hauptsächlich der bereits von meinem Vater erwähnte Test mit der Merkfähigkeit von Zahlen. Eigentlich gehört so etwas zu meinen Stärken. Mein Vater hat früh und sehr spielerisch mit mir Zahlenspiele und Merkfähigkeit geübt. Aber wenn man die Zahlen nicht sieht und vorher nicht klar ist, wie viele in dieser Runde genannt werden – bei uns waren zwischen acht und 22 verschiedenen Zahlen in einer Reihe alles möglich – finde ich es schwierig. Prompt hatte ich beim ersten Übungsdurchgang nach 25 Runden nur etwa 18 Prozent der Zahlen richtig. Das erschien mir reichlich wenig. Der nächste Durchgang mit 22 Prozent stimmte mich auch nicht positiver. Ich empfand diesen Test hauptsächlich als frustrierend. Gelegentlich gelang es mir, bis zu 15 Zahlen in einem wunderschön angeordneten visuellen Bild vor Augen zu behalten. Nur habe ich dann leider die letzten zwei Zahlen verpasst und konnte damit nur raten. Wenn man dann anfängt, über sich selbst nachzudenken – Warum schaffe ich das nicht, was ist mit mir los? –, erzielt man beim nächsten Versuch gleich noch mal eine Nullrunde. Ich bin mir fast sicher, dass es in diesem Test zu einem großen Teil auch darum geht, wie konstant die Leistung und die Frustrationstoleranz über die 25 Runden ist. Das hat mich so interessiert, dass ich anstatt weiter für den großen Prüfungstag zu üben, in der wissenschaftlichen Literatur nach Informationen zu diesem Verfahren gesucht habe – der innere Schweinehund lässt grüßen. Viel habe ich nicht gefunden, nur den Durchschnittswert der Bevölkerung. Der liegt bei rund 25 Prozent. Das hat mich dann beruhigt, besonders da ich im dritten Durchgang mit einer neuen Strategie auf 33 Prozent kam.

Auf jeden Fall habe ich in den nächsten Wochen mit sehr erfolgreichen Prokrastinationsstrategien (E-Mails checken! Haus putzen! Auto saugen!) vermieden, diesen Test zu üben – so frustrierend fand ich ihn. Suzanna fiel mir später bei der Prüfung gerade bei diesem Test besonders auf. Wir kannten uns noch nicht, aber sie saß eine Reihe vor mir. Bei besagtem Test mit den Rückwärtszahlenreihen war ich eine der Letzten, die die 25 Runden abschloss. Im Raum war schon Unruhe, aber Suzanna überlegte immer lange nach jeder Runde und tippte dann seelenruhig los: weit über 15 Zahlen pro Runde – dabei liegt die durchschnittliche Merkfähigkeit bei etwa 3,6 Zahlen! Das hat mich sehr beeindruckt, aber der nächste Test stand an, und ich legte meinen Fokus darauf, mich durch so etwas nicht allzu sehr aus der Ruhe bringen zu lassen.

Teamplayer – führen und folgen können

 In der zweiten Auswahlstufe wird die soziale Kompetenz der Kandidaten genauer untersucht. Man schaut zum Beispiel nach der Teamfähigkeit und dem Prinzip Leadership-Followership. Ist der oder die Betreffende auch in der Lage zu führen – wobei unser Verständnis von Führung voraussetzt, dass jemand auch folgen können muss. Ein typisches Alphatier mit der Einstellung:»Geht alle einen Schritt zurück, ich kümmere mich darum« ist nicht der, den wir suchen. Die Leute sollen sich schon Dinge zutrauen und auch allein machen können. Aber sie müssen im richtigen Augenblick erkennen können, dass es vielleicht andere gibt, die bestimmte Dinge besser können als sie selbst, und diesen Menschen das dann auch zutrauen und ermöglichen.

Ich habe die Auswahl ja auch schon von der anderen Seite aus erlebt. Bei der letzten ESA-Astronautenauswahl, aus der beispielsweise Alexander Gerst hervorgegangen ist, war ich der verantwortliche Projektleiter. Ein Testtag begann für die Kandidaten mit einer Art Rollenspiel. Die sechs Anwesenden sollten eine Aufgabe auf dem Papier lösen, die aber in Wirklichkeit unlösbar war. Etwas in dieser Art: Sie sind Expeditionsleiter einer Expedition, die gestrandet ist, vor Ihnen liegt ein sehr großer See, links von Ihnen der Urwald mit unfreundlich gestimmten Indigenen, die aus ihren Blasrohren ziemlich gut vergiftete Pfeile schießen können, auf der rechten Seite ein hohes unüberwindliches Gebirge, und das Base Camp liegt auf der anderen Seite des Sees. Sie haben keine Werkzeuge, um sich Boote zu bauen oder Ähnliches. Wie kommt man am besten ins Base Camp? Dieser Test war so strukturiert, dass man drei oder fünf Minuten Zeit hatte, die Aufgabe zu lesen, jeder für sich, und erste eigene Lösungsansätze zu entwickeln. Dann gab es ein Zeichen, und die Gruppe sollte gemeinsam eine Lösung erarbeiten. In den letzten zwei Minuten sollte die gemeinsame Lösung dann von einem, den die Gruppe bestimmen sollte, präsentiert werden. Vier Personen haben die Bewerber bei dieser Aufgabe beobachtet. Die Interaktion zwischen den Kandidaten war von Gruppe zu Gruppe grundverschieden. Es war geradezu verblüffend, welche Vielfalt an unterschiedlichen Herangehensweisen dem Beobachter geboten wurde.

Was wir zu sehen bekamen, war kein Rollenspiel, es war wie im richtigen Leben. In einer Gruppe will einer sofort die Führung übernehmen, in der nächsten gibt es gar keinen, der sich diese Rolle zutraut. Es kam auch vor, dass eine Gruppe als Erstes die Frage löste, wer am Ende die Ergebnisse vortragen solle, und darüber geschlagene zwanzig Minuten von den dreißig zur Verfügung stehenden diskutierte. Ob das der Älteste sein sollte oder die Person mit der hübschesten Frisur, diejenige, die die beste Idee hatte oder sonst ein nebensächliches Kriterium. Man sitzt fassungslos da, wenn man sich das von außen anschaut. Die meisten hatten sich aber relativ schnell gefunden: »Okay, haben wir alle verstanden, worum es geht? Hat jemand schon einen Ansatz? Was hast du gefunden, was du, lass uns erst einmal die Ergebnisse zusammentragen.« Mitunter kommt es dabei vor, dass jemand so dominant ist, dass er die Ideen anderer, die nicht in das eigene Konzept passen, einfach abbügelt. Wenn sich ein solch dominantes Verhalten auch in den anderen Aufgaben dieser Runde zeigt, ist das vorzeitige Aus des Bewerbers keine Überraschung.

Natürlich haben wir auch auffallend achtsame und integrative Bewerber erlebt: »Von dir habe ich noch gar nichts gehört, hast du einen Vorschlag? Wo würdest du eine Priorität setzen?« Das Interesse an der anderen Person und das aufrichtige Interesse an der Meinung des anderen ist schon viel eher auf der Schiene, die zur nächsten Auswahlstufe, den medizinischen Tests, führt. Für mich als Prüfer war es manchmal unterhaltsam, auch lehrreich und mitunter enttäuschend, das ganze Spektrum menschlichen Verhaltens im Auswahlverfahren zu sehen zu bekommen.

 Schon in der ersten Auswahlrunde gab es bei uns im Wechsel mit den kognitiven Tests immer wieder Fragebögen zur Erfassung unserer Persönlichkeit – insgesamt über 600 Fragen. Dabei hatte ich schon den Eindruck: Es ging weniger darum, bestimmte Eigenschaften herauszufiltern, als die Fähigkeit und Bereitschaft zur Selbstreflexion.

Natürlich verschaffen sich die Prüfer mit den Fragen auch einen ersten Eindruck über die Kandidatinnen, die es in die zweite Runde schaffen. Bei Widersprüchen fragen sie dann in Einzelinterviews konkret nach: »Moment mal, wie meinen Sie das jetzt?« Wenn man beispielsweise bei »Ich reagiere immer ruhig bei emotionalen Konflikten« das Kästchen neben »wahr« ankreuzt, wird durchaus nachgefragt – denn das ist einfach extrem unwahrscheinlich.

In der zweiten Auswahlrunde, also bei den gruppenpsychologischen Tests, wurden unsere Reaktionen in Stress- oder Konfliktsituationen beobachtet. Auch wir hatten in Dreierteams Situationen wie von meinem Vater oben beschrieben: eine unlösbare Aufgabe in der Gruppe lösen. Allerdings sollte dabei jede von uns ein anderes Ziel verfolgen. Dass so etwas kommt, war keine große Überraschung, denn solche Tests sind in vielen Assessment-Centers Standard. Was mich verwundert hat, war, wie schnell ich vergessen hatte, dass es sich hierbei um eine künstlich erzeugte Situation handelt. Insgesamt dauerte der Test nur zwanzig Minuten. Die ersten Minuten konnte ich mich noch darauf konzentrieren, dass ich gerade für meine Gruppenkompetenz und Teamfähigkeit evaluiert werde – hilfreich dafür war auch das Kratzen der Stifte der beobachtenden Psychologen auf ihren Notizblöcken. Aber schon nach ein paar Minuten sah es für meine persönlichen Ziele nicht so rosig aus, da waren meine Reaktionen durchaus sehr authentisch (und glücklicherweise scheinbar tauglich genug).

Die ESA führte in der zweiten psychologischen Auswahl-runde mit jedem Kandidaten, den wir prüften, ein rund 45-minütiges Einzelinterview. Je zwei Psychologen und zwei Vertreter der ESA stellten die Fragen. Sicher nicht die angenehmste Situation für einen Bewerber, weswegen wir versucht haben, den Einstieg locker zu gestalten. Doch natürlich thematisierten wir die Punkte, die uns aufgefallen waren: »Wir haben den Eindruck, dass Sie manchmal ein bisschen dominant sind. Ist das allgemein so oder nur in dieser Situation?« – »Oh, war ich zu dominant?«, kam die Rückfrage. Wir: »Es ist zumindest auffällig gewesen, dass Sie dominant waren.« – »Woran haben Sie das denn gemerkt?« – »Zum Beispiel hat derjenige, der zwei Stühle weiter rechts von Ihnen saß, zweimal versucht, etwas zu sagen, und ist gar nicht zu Wort gekommen. Ist Ihnen das aufgefallen?« – »Nee, der hat überhaupt nichts gesagt.« Wenn man hört, dass jemand sein direktes Umfeld so wenig wahrnimmt, bekommt man subjektiv schon das Gefühl: Menschenskinder, ich kann mir nicht vorstellen, dass der hier durchkommt.

Zu zaghaft sollten die Kandidaten allerdings auch nicht sein. Diesbezüglich habe ich einmal als Teil des auswählenden Teams eine Niederlage erlitten. Wir hatten eine klare Verabredung in dieser Gruppe aus sechs Psychologen und zwei ESA-Vertretern, dass wir die Entscheidung, ob jemand die nächste Runde erreicht, jeweils einstimmig fällen. Es gab grundsätzlich keine Mehrheitsentscheidungen. Das führte mehr als nur einmal zu langen Abschlussdiskussionen, weil einer aus unserer Gruppe nicht die Meinung der anderen sieben teilen wollte. Einmal war ich dieser eine. Ich hielt einen Bewerber aus dem Süden Europas für besonders gut geeignet. Doch alle anderen waren gegenteiliger Auffassung. Die letzte Sitzung war immer am Freitag, es war nach sechs, und die Leute schauten schon auf die Uhr, weil sie nach Hause wollten – teilweise auch zurück nach Paris. Aber ich habe und habe nicht klein beigegeben. Schließlich fragte mich Elisabeth, eine französische Psychologin: »Gerhard, was ist dein Problem?« – »Der ist genau wie ich«, war meine Antwort. »Ich erkenne mich in ihm wieder. Die Probleme, die er sieht und beschreibt, habe ich selbst erlebt. Ich weiß, dass er sie meistern kann.« – »Kann er nicht«, sagte sie. »Woher weißt du das?«, fragte ich. »Ich habe sie auch gemeistert.« Und dann kam ihre unschlagbare Antwort: »Er ist nicht du.« Ich saß da wie vom Donner gerührt. Das Nächste, was ich sagte, war: »Er ist draußen.«

Dranbleiben – Frust auch mal aushalten

 Die Tests beim Auswahlverfahren treiben die Kandidaten immer wieder einmal an den Rand der Verzweiflung. Insa und ich hatten beide bei unseren Prüfungen irgendwann das Gefühl: Jetzt kannst du auch aufstehen und gehen, das war's jetzt. Den Test hast du nicht bestanden. Doch dann habe ich mir gesagt: Wenn du jetzt gehst, dann war es das wirklich. Also bleibst du einfach sitzen, machst weiter, so gut es geht, strengst dich an und schaust, was dabei herauskommt.

In meinem Fall war es der Aufmerksamkeitstest, der mich zur Verzweiflung trieb. Dabei ging es um visuelle und auditive Wahrnehmung. Der Test dauerte eine ganze Stunde. Und man hörte während dieser Stunde über einen Kopfhörer Buchstabenfolgen: Q, V, T und so weiter. Jedes Mal, wenn drei E-Laute hintereinander kamen wie B(e), C(e), D(e), zum Beispiel, oder P(e), E, C(e), dann galt das als ein kritisches Hörereignis, und man musste einen roten Knopf drücken. Möglichst schnell, nicht erst zwei Sekunden später. Gleichzeitig hatte man ein Instrument vor sich – das war das visuelle Ereignis –, bei dem sich in zwei getrennten Feldern jeweils ein Zeiger von links nach rechts bewegte. Meist waren die Ausschläge parallel. Waren sie es nicht mehr, galt auch das als ein kritisches Ereignis, dieses Mal ein visuelles, und man musste einen blauen Knopf drücken. Natürlich hatten wir keine Ahnung, wie oft es nun ein kritisches auditives oder visuelles Ereignis geben würde. Innerhalb der Stunde war es tatsächlich in jeder Kategorie nur zehnmal der Fall. Man steht die ganze Zeit unter Hochspannung, und es tut sich – nichts!

Besonders strapaziös: Keiner der Kandidaten hatte die gleiche Ereignis-abfolge. Aber wenn die Person nebenan auf den Knopf drückt, dann hört man das. Und denkt sich: Verflixt noch mal, habe ich jetzt etwas über-hört? Übersehen? Man beginnt also, an sich selbst zu zweifeln, anstatt sich auf das zu konzentrieren, was man eigentlich tun soll. Das ist ein wieder-kehrendes Thema in all diesen Tests: Man wird dazu verleitet, sich mit sich selbst zu beschäftigen anstatt mit der eigentlichen Aufgabe. Genau das wollen die Psychologen hier herausfinden: Kann sich jemand wirklich auf das konzentrieren, was er tun soll?

Fehler macht jeder einzelne Kandidat. Es ist ja nicht so, dass ich in irgend-einer Weise besser gewesen wäre als die anderen vor Ort. Aber offensicht-lich habe ich die Fähigkeit, im entscheidenden Moment zu sagen: Egal, was passiert ist, ich konzentriere mich auf das, was jetzt notwendig ist.

Einen weiteren Test fand ich sogar noch raffinierter. Es ging um das Ad-dieren von Zeichen: Man hatte ein Suchfeld und darunter zehn Spalten, in denen man die Antworten eintragen musste. Jedem Zeichen war ei-ne einstellige Zahl zugeordnet. Man sah also die beiden Zeichen, die zum Beispiel für 5 und 2 standen und musste dann eine 7 eingetragen. Wenn die Zahl größer war als 10, musste man das Ergebnis auf 20 ergänzen, al-so 8 plus 9 ist 17, deshalb musste man eine 3 eintragen. Auch noch nicht schwer. Doch insgesamt waren es zwischen 20 und 30 teils schwer aus-einanderzuhaltende Zeichen: runde Klammer auf, eckige Klammer auf, runde Klammer zu, eckige Klammer zu, ein Gänsefüßchen oben, unten, links oder rechts, zwei Gänsefüßchen, unten links, eine Fülle zufällig an-geordneter Zeichen – man konnte also auch nicht systematisch suchen. Der ganze Test dauerte zehn Minuten, und es gab zehn Spalten zu bear-beiten. Jedes Mal, wenn ein Signal ertönt, bitte die nächste Spalte bear-beiten. Nicht in der gleichen Spalte bleiben. Was nimmt man intuitiv an, wenn es zehn Spalten sind? Pro Spalte hat man eine Minute Zeit. Das ist aber nicht so. Am Anfang hat man deutlich mehr als eine Minute, dafür am Schluss deutlich weniger, vielleicht nur noch 40 Sekunden für die letz-te Spalte. Die Zeit wird knapper, und man merkt: Ich schaffe gerade sehr viel weniger als vorher. Die geeigneten Kandidaten, so wurde uns viel später erklärt, sagen sich: Schietegal, ich mach jetzt einfach weiter. Während weniger geeignete anfangen, sich mit sich selbst zu beschäftigen, und fragen: Warum habe ich in dieser Spalte nur so wenig geschafft, was ist hier eigentlich los? Anstatt einfach weiterzusuchen und weiterzumachen. Das finde ich wesentlich. Diese Tests spielen mit typischen menschlichen Eigenheiten. Oft ist es einfach wichtig, dass man sich auf das konzentriert, was jetzt gerade gefordert ist, anstatt sich darüber zu wundern, dass die momentane Situation so unzulänglich ist, wie sie eben gerade ist. Und das gilt nicht nur fürs Weltall.

Am Ende des Tages sollten eine Kollegin und ich einen Zweiertest durchführen und zum Starten des Tests synchron jeweils eine Taste drücken. Wir haben uns also kurz abgestimmt und beschlossen, nach einem kurzen Countdown zu starten. Aus Versehen streifte ihr Ellbogen aber die Starttaste schon, bevor wir mit dem Countdown beginnen konnten. Hätte ich schnell geschaltet, hätte ich ebenfalls sofort die Taste gedrückt, und wir hätten loslegen können. Das habe ich aber nicht, ich saß da wie ein kleines Mädchen und wusste nicht: Was nun? Daraufhin musste der gesamte Test abgebrochen und neu gestartet werden, auf einem anderen PC. Das dauerte dann noch einmal 20 Minuten länger, es war ohnehin schon 17:30 Uhr, und die Psychologin wollte sicherlich auch nur nach Hause und nicht aufgrund meines vermeintlichen Fehlers noch länger arbeiten.

Meine Kollegin fühlte sich auch nicht viel besser. Ich versuchte, sie zu trösten: »Das ist doch nicht so schlimm, das war nur ein blödes Missgeschick. Ich hätte sofort mitdrücken sollen.« Dabei hatte ich bei der uns beobachtenden Psychologin schon den ganzen Tag das ungute Gefühl, ein Schulmädchen mit zwei geflochtenen Zöpfen zu sein. Am Morgen hatten wir bereits eine Einführung für den Test bekommen, und ich hatte eine relativ dämliche Frage gestellt. Mein Vater sagt immer, es gibt keine dummen Fragen, aber wenn doch – diese war es definitiv. Ich bin sogar rot geworden, als ich das merkte.

Dieser Moment war zwar noch nicht Teil des aktiven Auswahlprozesses, aber ich dachte mir schon: »Oh Gott, Insa, was hast du hier jetzt gerade für einen ersten Eindruck geboten?« Dann habe ich auch noch bei dem darauffolgenden Übungsdurchlauf immer wieder denselben Fehler gemacht. Im Verlauf dieses Tests musste man eine Taste drücken und wieder loslassen. Ich habe sie aber gedrückt gehalten. »Frau Thiele-Eich, Sie müssen auch wieder loslassen«, ertönte von hinten die Ansage. Das ist mir in den nächsten Runden gleich wieder passiert – aber dafür üben wir den Test ja, habe ich mich selbst beruhigt.

Tatsächlich habe ich auch beim ersten Durchlauf am Nachmittag mehrfach vergessen, die Taste korrekt zu bedienen. Auch sonst lief es nach dem missglückten Startversuch nicht so gut. Nach Runde drei habe ich gedacht: Weißt du was, du kannst auch einfach aufstehen und gehen. Ich habe überhaupt nichts mehr zustande gebracht. Ich hatte keinen guten Überblick und ein sehr schlechtes Gefühl.

Eigentlich mögen mein Vater und ich beide Aufgaben, bei denen man schnell den Überblick über viele Zahlen und Informationen bekommen muss und dann Muster erkennen oder etwas sortieren soll. Spiele wie »Schiffe versenken« oder »Cluedo« hat er uns Kindern immer sehr taktisch und strategisch beigebracht. Für Stadt-Land-Fluss hat er mit mir seltene Antworten zusammengetragen, die ich auswendig gelernt habe, sodass man eigentlich immer gewonnen hat (wenn man noch jemanden gefunden hatte, der mit einem spielen wollte).

So gut aufgestellt kannte ich mich eigentlich. Umso frustrierender war es, mit den unterschiedlichen Informationen beim Test nicht zurechtzukommen.

Im Nachhinein vermute ich, dass die Prüfer eher sehen wollten, wie meine Teamkollegin und ich in so einer Situation miteinander kommunizieren. Ich bin durchweg geduldig geblieben, auch wenn ich für mein Gefühl lange auf Antworten warten musste. Manchmal war man Anweiser, manchmal war man Befolger in diesem Test, und manchmal hat man zusammengearbeitet. Als Anweiserin habe ich meine Kollegin dreimal gebeten, etwas

Bestimmtes zu machen, doch sie erhielt jedes Mal eine Fehlermeldung. Ich war zu 100 Prozent davon überzeugt, dass die Anweisung an sich richtig war. Also habe ich sie gebeten, die Handlung noch einmal durchzuführen und zu bestätigen, dass sie diese Anweisung auch für richtig hält. Bei der Durchführung erhielt sie dann aber wieder eine Fehlermeldung. Innerlich dachte ich mir: Tippt sie das wirklich richtig ein? Aber ich habe sie nur gefragt, ob sie noch irgendwelche Informationen hätte, die mir nicht vorlägen. Als auch das verneint wurde, habe ich gesagt: »Tut mir leid, dann habe ich hier wohl etwas übersehen. Ich weiß gerade nicht, was es ist, also mache bitte Folgendes …« So haben wir wenigstens in den letzten Sekunden irgendetwas geschafft. Insgesamt bin ich da sehr ruhig geblieben, obwohl mein erster Instinkt war, zu ihr zu gehen und zu sagen: »Moment mal, lass mich mal eben gucken, das kann ja wohl nicht sein.«

Innerlich war ich also durchaus ungeduldig, habe das aber nach außen gefiltert. Ich glaube, das ist eine wichtige Kompetenz für einen Astronauten. Allerdings ist das definitiv eine Fähigkeit, die ich erst später im Leben erlernt habe, wohl auch durch meine Kinder.

 Ich werde oft gefragt, ob ich Insa für die Tests wichtige Tipps gegeben hätte. Habe ich: »Sieh zu, dass du in der Nacht vorher genügend Schlaf bekommst. Die Tests sind wirklich anstrengend, und es wird von dir das Beste verlangt, das du liefern kannst. Und das kannst du nicht, wenn du unausgeschlafen bist.« Ich habe ihr absichtlich keine weiteren Tipps gegeben, denn ich wollte nicht, dass sie sich während der Aufgaben damit beschäftigt, dass sie nun meine Tipps einhalten muss. Das nimmt ja etwas von ihrer Aufmerksamkeit für die Aufgabe weg. Sie sollte sich nur mit dem beschäftigen, was gerade in diesem Moment von ihr verlangt wurde. Deswegen habe ich ihr darüber hinaus keine Tipps gegeben. Insa hätte das auch nicht gewollt, sie hat nie nach Tipps gefragt.

Ohnehin hätte ich kein großes Geheimnis lüften können. Heutzutage werden, wie von Insa bereits geschildert, diese Art der Tests online gestellt, damit die Kandidaten bereits zu Hause üben können. Das soll vermeiden, dass beispielsweise sehr computeraffine Kandidaten gegenüber anderen einen Vorteil haben. Die Übungstests gibt es im Internet auf der DLR-Homepage. Dabei geht es einfach darum, schon zu wissen, wo man mit der Maus oder der Tastatur klicken muss. Es gibt Bewerber, die das intensiv üben, damit sie im Test gut darin sind.

Papa, dein Tipp beschränkte sich nicht nur auf »genug Schlaf«, sondern lautete vollständig: »Genug Schlaf und kein Alkohol in den Tagen davor!« Am Vorabend der ersten Auswahlrunde saßen wir mit einigen Kandidatinnen noch in der Hotellobby zusammen – früh ins Bett sind wir immerhin gegangen, und 0,1 Liter Weißwein sind abgerundet ja auch quasi kein Alkohol.

Medizinische Tests – langfristig gesund

Die medizinischen Tests sind sehr umfangreich und nehmen mehrere Tage in Anspruch. Es gibt kein Loch im Körper, in das dabei nicht hineingeguckt wird. Teilweise ist das schon sehr unangenehm. Alle Systeme des menschlichen Körpers, das Herz-Kreislauf-System, das Muskel-Skelett-System, das Nervensystem usw. werden bis aufs Mark geprüft. Insgesamt teilen die Mediziner den Körper in 13 Systeme ein, ich habe nie verstanden, wie sie das machen können. Allerdings müssen Astronauten keine Übermenschen sein. Sie dürfen nur einfach nirgendwo unter dem Durchschnitt der Bevölkerung liegen. In anderen Worten: Sie müssen keine Hochleistungssportler sein, dürfen aber auch in keinem Teilbereich unter den Durchschnittswerten liegen. Wer schon bei dem Wort Sport bleich wird, könnte es etwas schwerer haben als andere.

Während bei den kognitiven Tests jeder Aspekt mindestens zweimal abgecheckt wird – jeder kann mal einen schlechten Moment haben – und bei Schwächen nach Kompensationsmöglichkeiten geschaut wird, können die untersuchenden Raumfahrtmediziner natürlich nicht so denken.

Wenn das Herz-Kreislauf-System eines Kandidaten eine Schwäche hat, dann nützt es nichts, dass das Nervensystem aber ganz hervorragend ist. Die Frage, die Mediziner bei den Tests beantworten müssen: Hat dieser Mensch in 20 Jahren noch die Konstitution, mit der er die Anforderungen für die Reise ins All erfüllt? Oder ist es wahrscheinlicher, dass wir ihn aus medizinischen Gründen gar nicht mehr einsetzen können?

Ich habe die medizinischen Tests nicht weniger nervenaufreibend erlebt als die vorherigen Runden. Die Ärzte waren angewiesen, keine Rückmeldung zu geben, und es fällt sehr schwer, die leicht hochgezogene Augenbraue oder den leisen Seufzer nicht als ein Warnzeichen zu deuten. Dabei war die Ärztin vielleicht einfach nur gerade müde. Dummerweise – und das ist mir wahnsinnig peinlich – habe ich am Morgen des ersten Tages trotz zweier Wecker auch noch verschlafen. Abfahrt am Hotel war um 6:55 Uhr, ich bin um 6:47 Uhr aufgeschreckt. Meine Unterlagen und Sportsachen hatte ich schon zurechtgelegt, für eine Dusche hat es auch noch gereicht, aber ich habe vergessen, dass wir mit dem Toilettengang bis zur Ankunft im DLR warten sollten. Dort war als Allererstes ein Drogentest fällig, für den man unter Aufsicht in einen Becher urinieren muss. Ich bevorzuge zwar normalerweise einen privateren WC-Gang, aber nun gut: Was muss, das muss. Allerdings war meine Blase so leer, dass wir nach mehreren Minuten aufgegeben haben und es 30 Minuten später noch mal probiert haben. Und eine Stunde später noch einmal – dann endlich erfolgreich. Immerhin hat das für Gelächter unter allen Beteiligten gesorgt.

Abschlussinterviews – bei sich bleiben

Nach den psychologischen und medizinischen Runden wartete bei meiner eigenen Auswahl als letzter Schritt noch ein Interview vor einem großen Gremium mit etwa zwölf Leuten. Den Vorsitz hatte der damalige Leiter der DLR-Weltraummedizin Karl-Egon Klein. Außerdem waren alle drei aktuellen deutschen Astronauten da, also Reinhard Furrer, Ulf Merbold und Ernst Messerschmid. Daneben waren noch Vertreter aus dem Forschungsministerium, Manager oder Wissenschaftler aus dem Raumfahrtbereich des DLR und ein Oberst der Luftwaffe zugegen. Die Bundeswehr war im Auswahlgremium deswegen vertreten, weil mit Thomas Reiter und Klaus Flade zwei Testpiloten der Luftwaffe unter den letzten 13 Bewerbern waren.

Bei diesem Abschlussinterview kamen alle möglichen Fragen, so zum Beispiel von Ernst Messerschmid: »Sie sind ja Wissenschaftler, als was betrachten Sie sich da oben? Sind Sie Co-Wissenschaftler? Ein Edel-Messknecht? Wissenschaftlicher Erfüllungsgehilfe?« Erst einmal war ich einigermaßen verdutzt. Und habe dann nach dem Ausschließungsprinzip geantwortet: »Ich sehe mich nicht als Edel-Messknecht, als teuren Computer oder Automaten. Und ich betrachte mich auch nicht als Erfüllungsgehilfen. Bleibt also nur der Co-Wissenschaftler, und als solchen würde ich mich auch empfinden.« Prompt folgte die Nachfrage, ob ich denn erwarten würde, dass ich in den Veröffentlichungen, die aus den Erkenntnissen der Missionen entstehen, namentlich genannt werde. Da merkte ich schon, dass ich mich hier auf dünnem Eis bewegte. Und antwortete: »Co-Wissenschaftler nicht in dem Sinne, dass mein Name dann auf allen Papers stehen muss. Aber ich bin ja im Raumlabor der Repräsentant des Wissenschaftlers oder von vielen Wissenschaftlern auf dieser Mission. Und sie oder er muss sich entspannt darauf verlassen können, dass derjenige, der sie oben vertritt, es so macht, wie sie es selbst machen würden.« Mit dieser Antwort war das Gremium dann zufrieden.

Es galt, noch eine Klippe zu umschiffen. Um diese zu verstehen, muss ich ein wenig ausholen. Beim Schlussinterview waren wir 13 Bewerber, die an zwei aufeinanderfolgenden Tagen interviewt wurden. Und zwar in alphabetischer Reihenfolge, ich war also am zweiten Tag dran. Wie sich bald zeigen sollte, ein großer Vorteil. Am Abend des ersten Tages gab es ein nettes Abendessen in der Kantine des DLR, bei dem auch das Auswahlgremium selbst, zumindest in Teilen, anwesend war. Unter den Gästen war auch der Oberst der Luftwaffe, beim Essen saß er direkt neben mir. Er sprach mich auf meine Kriegsdienstverweigerung an, dies sei doch wohl sehr ungewöhnlich, ich hätte es ja immerhin zum Oberleutnant zur See der Reserve in der Bundesmarine gebracht. Ich versuchte, meine Beweggründe zu erläutern, und hatte mitunter das Gefühl, ich würde wieder durch die Anhörung gehen, wie im Anerkennungsverfahren vor wenigen Jahren. Nach einer halben Stunde merkte ich, dass ich ihn nicht überzeugen konnte. Zum Glück saßen noch andere mit uns am Tisch, und das Gespräch wendete sich anderen Themen zu. So weit der kleine Umweg.

Beim Abschlussinterview der Astronautenauswahl konfrontierte mich der Oberst also direkt damit:»Herr Dr. Thiele, Sie waren ja vier Jahre bei der Marine, haben es sogar zum Oberleutnant zur See der Reserve gebracht, und dann haben Sie den Kriegsdienst verweigert. Sie neigen also offensichtlich dazu, Ihre Meinung immer wieder mal zu ändern. Wie können Sie uns denn versichern, dass Sie das nicht auch im Falle der Raumfahrt tun? Jetzt sind Sie ganz begeisterter Astronaut und wollen das unbedingt werden, nachher werden Sie es, und dann sagen Sie nach zehn Jahren, ich hab mich aber getäuscht.« – »Ich bin nicht dafür bekannt, dass ich mein Fähnchen nach dem Wind hänge«, war meine Antwort.»In dem Fall, den Sie ansprechen, gab es ein einschneidendes Familienerlebnis, die Geburt unseres ersten Kindes. Das hat mich dazu bewogen, den Kriegsdienst zu verweigern – und ich sehe nichts Vergleichbares, was passieren könnte, um jetzt meine Meinung bezüglich des Astronautenberufs zu ändern.« Noch einmal hakte der Oberst nach, diese Erklärung sei ja nun wirklich nicht überzeugend. Und er führte seine Bedenken weiter aus. Jetzt nur keine Antwort, wie aus der Pistole geschossen. Ich wartete eine Sekunde oder zwei. Dann antwortete ich:»Herr Oberst, ich habe Sie gestern Abend beim Abendessen während unseres langen Gespräches nicht überzeugen können. Das wird mir auch jetzt nicht in zwei oder drei Sätzen gelingen. Ich kann Ihnen nicht mehr sagen, als ich eben gesagt habe!« Karl-Egon Klein, der Vorsitzende des Gremiums, griff nach den Papierunterlagen, die vor ihm lagen.»Ich denke, das genügt«, sagte er in freundlichem, zugewandtem Ton.»Wenn es keine Fragen mehr gibt?«, wandte er sich an die Mitglieder des Auswahlgremiums. Diese Frage war rhetorisch, ich hatte das Gefühl, dass zumindest der letzte Teil nicht schlecht gelaufen war.

Ich bin der Auffassung, dass von den letzten 13 Kandidatinnen und Kandidaten alle eine gute Astronautin oder einen guten Astronauten abgegeben hätten, jede und jeder auf seine Weise. Am Ende waren Hans, Heike, Renate, Ulrich und ich die glücklichen.

Der Anruf, dass ich einer der fünf neuen Astronauten sein sollte, erreichte mich, als ich wieder zurück in Princeton war. Und er hatte eine äußerst schmerzhafte Konsequenz. Vor Freude bin ich von meinem Stuhl aufgesprungen und hatte völlig vergessen, dass ich meinen dick geschwollenen Fuß hochgelegt hatte, weil ich am Vortag beim Ultimate-Frisbee-Spielen von einer Biene gestochen worden war.

Bei unseren Einstellungsinterviews waren wir nur noch sechs Kandidatinnen, da uns zwei Kandidatinnen nach den medizinischen Tests leider verlassen mussten. Jedes Interview war für 30 Minuten angesetzt, und uns Sechsen wurden nahezu identische Fragen gestellt. Ich war eine der letzten, und wir sollten uns nicht gegenseitig austauschen – also war langes Warten angesagt. Am Morgen hatte ich noch Sport gemacht, um so entspannt wie möglich zu sein. Der Mann einer anderen Kandidatin hatte mich dann am Hotel abgeholt, damit ich mir auf dem Weg zum Interview keinen Stress machen musste. Er hatte noch nichts von ihr gehört und war mindestens genauso nervös wie ich.

In meiner Erinnerung saß ich am Kopfende eines zehn Meter langen Konferenztisches, am anderen entfernten Ende das vierköpfige Gremium des Auswahlkommitees. Auf mich war eine Kamera gerichtet – da zwischenzeitlich eine ausgeschiedene Kandidatin per Anwalt Einblick in die Unterlagen zu ihrem Ausscheiden forderte, wollte »Die Astronautin« auf Nummer sicher gehen und zeichnete unsere Interviews zur internen Verwendung auf. Insgesamt also nicht unbedingt ein sehr angenehmes Ambiente, aber ich war ja auch nicht zum Kaffeetrinken erschienen.

In solchen Momenten hilft mir mein Achtsamkeitstraining: die Füße bewusst auf den Boden stellen, tief durchatmen und eine aktive Körperhaltung einnehmen – das hilft mir sehr, um mich auf eine bevorstehende wichtige Aufgabe zu fokussieren.

An die genauen Fragen kann ich mich gar nicht vollständig erinnern, die meisten waren vorhersehbar: »Wieso möchten Sie Astronautin werden, was sind Ihre Lebensziele, Stärken und Schwächen?« Natürlich gab es die ein oder andere kritische Nachfrage, in meinem Fall um meine immer noch nicht abgeschlossene Promotion – die hatte ich großspurig im Motivationsschreiben mit »im Juli 2016 abgeschlossen« angegeben, nun hatten wir aber bereits 2017. Da ich selbst auch schon Jobinterviews geleitet hatte, ahnte ich, dass es hier mehr um das *wie reagiert sie* ging und nicht so sehr darum, mich bloßzustellen. Also habe ich erklärt, dass mir während einer Konferenz im April 2016 noch eine Idee für ein weiteres Kapitel mit neuem Forschungsansatz gekommen war, das von meinem Doktorvater sehr befürwortet wurde. Bei der ohnehin langen Dauer von insgesamt acht Jahren fand ich, ein paar Monate mehr machten den Kohl auch nicht mehr fett. Das habe ich auch genau so gesagt, sodass wir durchaus auch gemeinsam gelacht haben – das hat die Zeit schnell herumgehen lassen.

Zum Schluss hatte sich das Gremium für zwei von uns entschieden. Das Ergebnis wurde uns direkt mitgeteilt. Es ist übrigens Standard, dass man immer zu mehreren trainiert. Astronauten haben immer einen Vertreter, den sogenannten »Back-up«, falls etwa kurz vorher jemand krank wird.

»HABEN SIE DAS ZEUG, INS ALL ZU FLIEGEN?«

Wenn die Europäische Weltraumorganisation ESA eine
Astronautenauswahl macht, schreibt sie diese auf ihrer Website aus.
Das sind ihre Anforderungen an die Bewerber:

- **Studium:** Naturwissenschaften, Ingenieurwissenschaft oder
  Medizin mit gutem Abschluss oder eine vergleichbare Ausbildung
  im militärischen Bereich. Ideal, aber nicht Pflicht sind mindestens
  drei Jahre Berufserfahrung oder Flugerfahrung.
- **Fremdsprachen:** Englisch in Wort und Schrift, eine zweite
  Fremdsprache ist von Vorteil. Russisch, die zweite offizielle
  Sprache auf der ISS, kann auch im Astronautentraining erworben
  werden.
- **Gesundheit:** Eine gute physische und psychische Kondition.
  Bewerber dürfen keine Krankheiten aufweisen, keine
  Alkohol-, Tabak- oder sonstigen Abhängigkeiten. Es dürfen
  keine psychischen Störungen vorliegen, alle Gelenke müssen
  uneingeschränkt funktionsfähig sein, die Kondition dem Alter
  angemessen. Spitzensportler oder Bodybuilder brauchen
  Astronauten nicht zu sein. Kleinere Sehfehler, die mit Brille
  oder Kontaktlinsen korrigiert werden können, stehen der
  Astronautenlaufbahn nicht im Wege.
- **Besondere Fähigkeiten und Eigenschaften:** Ein ausgezeichnetes
  räumliches Wahrnehmungsvermögen, hohe Motivation,
  Anpassungsfähigkeit, Empathie, emotionale Stabilität,
  Geselligkeit, ausgeprägte Kommunikations- und Teamfähigkeit
  und interkulturelle Kompetenz.
- **Ideales Bewerbungsalter:** Zwischen 27 und 37 Jahren.

5

Ein ganz normaler Beruf

Ausgewählt – und dann?

 Als das DLR mich 1987 zusammen mit Heike, Renate, Hans und Ulrich für das deutsche Astronautenteam auswählte, ergab sich für mich ein völlig neuer Lebensabschnitt. Nach Studium und Promotion war ich mit einem Stipendium zwei Jahre in Princeton. Jetzt kam die erste Anstellung in meinem Leben, dazu noch in meinem Traumberuf. Es war eine Phase, in der man sein Glück kaum fassen kann. Dass wir vom DLR einen Zeitvertrag über vier Jahre und keine Festanstellung bekommen hatten, störte mich nicht im Mindesten. Bis zu diesem Zeitpunkt hatten wir mit ganz anderen Unsicherheiten gelebt. Einjahresverträge, die teilweise erst in der Woche vor dem Auslaufen um ein weiteres Jahr verlängert wurden, waren die Regel. Mindestens vier Jahre Sicherheit waren eine neue, befreiende Erfahrung.

Nicht alle von uns konnten schon im November 1987 das volle Training aufnehmen. Das führte anfangs zu einem angenehm moderaten Trainingstempo. Noch gab es nicht die zeitlichen Konflikte, die früh genug unseren Rhythmus bestimmen würden. Das Eingewöhnen mit der Familie in einer neuen und völlig unbekannten Umgebung war dadurch einfacher.

Die Raumfahrt war für mich eine völlig neue Welt. Begeisterung für die Sache allein würde nicht ausreichen, um den vielen Anforderungen gerecht zu werden. Aber ich machte mir keine Sorgen, warum auch?

 Mit dem Gefühl, das sich bei der Verkündung der Auswahl in mir ausbreitete, hatte ich nicht gerechnet. Ich war tatsächlich erst mal geschockt. Während den sehr intensiven Monaten der Auswahl standen wir Kandidatinnen auch über Facebook und WhatsApp-Gruppen sehr eng im Kontakt, unter den letzten sechs fand ein sehr reger Austausch statt. Es tat mir weh, neben vier Frauen zu stehen, die alle hervorragend geeignet sind, während es aber nun mal nur zwei freie Trainingsplätze gab. Gleichzeitig war mir klar, dass diese Entscheidung für mich und meine Familie in den nächsten Monaten und vielleicht sogar Jahren eine enorme Tragweite haben würde. An die Rückfahrt mit der Bahn kann ich mich nicht mehr erinnern, aber ich weiß noch genau, dass ich an jenem Abend so neben mir stand, dass ich mir mit der Rasiercreme meines Mannes die Zähne geputzt habe. So absurd es klingt, es vergingen ein paar Tage, bis ich wieder unbeschwert lächeln und mich sogar freuen konnte – darüber, dass ich es geschafft hatte.

Die Reaktionen auf meine Auswahl ähnelten sich im direkten Familienumfeld sehr: erfreut, aber unaufgeregt. Natürlich waren sie stolz darauf, dass ich es so weit geschafft hatte. Aber letztendlich bin und bleibe ich für sie weiterhin die gleiche Ehefrau, Mama, Tochter und Schwester. Auch mein Vater zeigt seinen Enthusiasmus in der Regel etwas verhalten. Bei der offiziellen Bekanntgabe unserer Auswahl in Berlin im April 2017 war ein Bekannter von ihm zu Gast, dem er auf eine Glückwunsch-SMS antwortete: »Danke. Ein bisschen stolz bin ich schon.« Für meine Töchter war es dann aber doch aufregend, als plötzlich beim Bäcker mein Gesicht von der Titelseite der Lokalzeitung lachte oder Schulkameraden mich in den KiKA-Nachrichten gesehen hatten. Das kannten sie von Opa nicht.

Training als Astronautin

 Auch an eine kommerzielle Astronautin sind die Anforderungen enorm hoch. Man steigt eben nicht in ein Raumschiff wie in einen Bus. Wir erhalten zunächst, wie auch bei NASA und ESA üblich, ein Basistraining, in dem es darum geht, die Mitglieder im Astronautenkorps erst einmal auf den gleichen Stand zu bringen. Dazu gehören Tauchschein, Flugschein und eine theoretische Ausbildung in Raumfahrttechnik, aber auch in Fächern wie Meteorologie und Astrophysik. Der Erhalt einer körperlichen Grundfitness ist ebenfalls wichtig, aber spielt sich eher im Hintergrund ab. Im Juli 2017 hatte ich meine erste Flugstunde in einer nigelnagelneuen Cirrus SR22T – und damit es dabei nicht langweilig wurde, gleich mit Eurofighterpilotin Nicola Baumann auf dem Rücksitz. Das sorgte durchaus für einen klitzekleinen zusätzlichen Druck – aber es war ein genialer erster Flug von Bonn nach München. Das breite Lächeln habe ich den ganzen Tag nicht mehr aus dem Gesicht bekommen.

Im August fanden die ersten Parabelflüge bei der russischen Weltraumorganisation Roskosmos in Star City statt. Dabei beschleunigt der Pilot das Flugzeug bis fast zur Höchstgeschwindigkeit und zieht es dann nach oben, bis er im Steigflug einen Winkel von 45 Grad erreicht. In dieser Phase wirkt auf den Körper die doppelte Schwerkraft, also 2 g. Hat das Flugzeug 45 Grad Steigen erreicht, werden die Triebwerke praktisch abgestellt. Das Flugzeug fliegt nicht mehr, es folgt einer parabelförmigen Flugkurve für etwa 25 bis 30 Sekunden. In dieser Zeit herrscht Schwerelosigkeit. Zeigt die Nase des Flugzeugs 45 Grad nach unten, erzeugen die Triebwerke wieder vollen Schub. Der Pilot leitet die Parabel aus, indem er den Sturzflug beendet und wieder in den Normalflug übergeht. Auch in dieser Phase wirkt wieder die doppelte Schwerkraft. Man wird also zunächst doppelt so schwer, dann schwerelos und dann wieder doppelt so schwer. Das ist ganz schön anstrengend.

Lachen fällt schwer, und man spürt förmlich, wie die Organe inklusive Magen sich abwärtsbewegen – das kann auch für Übelkeit sorgen. Im

Innenraum des Iljushin-Fliegers gibt es keine Ausstattung wie Sitzreihen, man hat also ganz viel Platz, um hin- und herzuschweben. Die ersten zwei Parabeln lang durften wir uns erst einmal an das Gefühl gewöhnen. Dann ging es aber auch schon los: Während das Flugzeug immer wieder seine Parabeln flog, übten wir, wie man in der Schwerelosigkeit einen Raumanzug an- und auszieht, und experimentierten, wie sich Wasser in der Schwerelosigkeit verhält. Erst einmal bleibt ja jedes Objekt genau dort, wo man es losgelassen hat, außer man verleiht ihm einen Impuls. Das sieht bei Wassertropfen besonders faszinierend aus. Das Kuscheltier-Kätzchen meiner Töchter, »Muffin«, durfte auch mitfliegen und ist mir in einer Parabel direkt davongeschwebt. Zum Glück ist es nach der Landung im hintersten Teil des Fliegers wieder aufgefunden worden – sonst hätte ich wohl auf dem Heimweg schnell noch Ersatz auftreiben müssen.

Ebenfalls in Star City absolvierten wir ein erstes Training in der Zentrifuge. Man sitzt dabei in einer Kabine, die an einem langen Arm befestigt ist und immer schneller um einen Mittelpunkt herum rotiert. Die Kabine ist so aufgehängt, dass sie sich quasi in die Kurve legen kann. Die Fliehkraft ist dabei genauso groß wie die Beschleunigung in einer Rakete. Das ist wichtig, um für den Start der Rakete zu trainieren, bei dem durch die Beschleunigung große Kräfte auf den Körper einwirken.

Spannend war auch die Einführung in die Sojuskapsel. Das ist ein russisches Raumschiff, mit dem bis zu drei Personen gleichzeitig ins All fliegen können. Ganz schön eng ist es darin – da hatte ich mit meinen 1,60 Metern genau die richtige Körpergröße. Warum Sojus und die Russen? Die NASA, eine Agentur der US-Regierung, hat 2011 ihr Space-Shuttle-Programm eingestellt. Seither ist man für Weltraumflüge auf die Russen angewiesen, bis jetzt bald die ersten kommerziellen Anbieter in den USA vermutlich Marktreife erlangen.

Diese neuen Optionen wollten wir uns allerdings auch genau anschauen. Deshalb reiste unser Team der Astronautin-Initiative im Mai 2018 in die USA. Bei Gesprächen mit Boeing am Cape Canaveral in Florida und in Houston, sowie Axiom, einem Anbieter, der uns in Houston zu Berufsastronautinnen ausbilden könnte, konnten wir uns ein klares Bild von den zur Verfügung stehenden Möglichkeiten für Training und Raumflug machen. Zum Abschluss stand ein Besuch bei SpaceX in Los Angeles an. SpaceX hat 2012 mit seinem Dragon-Raumschiff den ersten privat finanzierten Raumflug unternommen, um Fracht auf die ISS zu bringen.

Außerdem haben sie in vergleichsweise kurzer Zeit mit der Falcon 9 die erste wiederverwendbare Orbit-Rakete entwickelt, die bisher vorrangig für den Transport von Satelliten und für Frachtflüge zur Raumstation genutzt wird. Gemeinsam mit Boeing ist SpaceX einer von zwei kommerziellen Anbietern, die kurz davor stehen, astronautische Flüge zu starten. Dieser Innovationsgeist wird von anderen in der Branche teils bewundert, teils kritisch beobachtet. Jedenfalls ist es SpaceX besonders wichtig, die Kosten für Raumfahrt zu reduzieren, um sie so einer breiteren Masse verfügbar zu machen. So könnte sich unter Umständen auch eine kostengünstigere Variante unserer Mission ergeben.

Bei Boeing konnten Suzanna und ich direkt an einem Simulationstraining in deren Starliner-Kapsel teilnehmen – es galt, die Kapsel erfolgreich an die Raumstation anzudocken. Beim ersten Training dieser Art waren wir sogar ein wenig nervös, haben es aber auf Anhieb fünfmal geschafft, sodass unser Astronautentrainer Peter Eichler gleich mal den Schwierigkeitsgrad erhöhte und ein paar kritischere Szenarien einführte. Die Herausforderung nahmen wir natürlich gern an. Tatsächlich hat man für das Andocken weit mehr Zeit, als ich vermutet hätte, sodass man eventuelle Fehler meist noch korrigieren kann. Ganz in der Nähe von Boeing, im Neutral Buoyancy Lab der NASA, üben Astronauten in einem großen Schwimmbecken, sich in ihren Raumanzügen zu bewegen und zu orientieren. Auch dort haben wir uns mit den Räumlichkeiten und den Trainingsbedingungen vertraut gemacht, denn für 2019 ist dort ein Training für uns geplant.

Zufällig lief uns noch bei der Besichtigung des ISS-Modells (»Mockup«) in Houston unser ehemaliger Nachbar, der NASA-Astronaut Donald »Don« Pettit, über den Weg. An der Cupola, einer Art Aussichtskuppel im europäischen Columbusmodul der ISS, standen wir uns plötzlich gegenüber.

Ganz spontan – und ohne großartig um Erlaubnis zu fragen – stieg er mit uns in die Kuppel und erörterte dort über eine halbe Stunde lang die Problematik des Fensterbaus im All. Don hat eine enorm begeisternde Art, zu erzählen und zu erklären. Es lohnt sich definitiv, seine YouTube-Videos anzuschauen – beispielsweise hat er in seiner knapp bemessenen Freizeit auf der ISS einen Becher entwickelt, aus dem man in der Schwerelosigkeit trinken kann. Diese Begeisterung hat er auch früher mit uns geteilt, wenn wir – in Texas, ebenfalls nicht unbedingt offiziell erlaubt – die Idee hatten, unsere Silvesterraketen doch einmal automatisch, aber zeitversetzt zu starten – sofort flitzte er in seine Werkstatt und startete die Baupläne.

Unsere Mission ist momentan für 2020 angesetzt, aber die Zeiträume in der Raumfahrt sind lang. Ungewisses Warten gehört dazu, insbesondere da unsere Mission maßgeblich davon abhängt, ob Boeing und SpaceX Ende 2018/Anfang 2019 erfolgreich astronautisch fliegen. Dieses Warten hat auch mein Vater so erlebt, der viele Jahre lang nicht wusste, ob er wirklich einmal ins All fliegen würde. Vom Tag seiner Auswahl 1987 bis zum tatsächlichen Start im Februar 2000 vergingen mehr als zwölf Jahre.

Bis ein konkreter Starttermin für uns feststeht, trainieren Suzanna und ich in Teilzeit, in meinem Fall habe ich einen Vertrag über 20 Stunden bei der Stiftung »Die Astronautin gGmbH«. Im regulären Job, bei dem ich zusätzlich zu meiner eigenen Forschung rund 60 Wissenschaftler in einem interdisziplinären Forschungszentrum koordiniere, habe ich meine Tätigkeit auf 70 Prozent reduziert. Auch wenn das ein sehr hohes Pensum ist, kann ich so zwei sehr erfüllenden Tätigkeiten gleichzeitig nachgehen, bis sich entscheidet, wann wir wirklich fliegen. Und selbst dann hoffe ich, meine Arbeit als Wissenschaftlerin zu einem kleinen Teil fortführen zu können – nach dem Flug wird es zwar mit Sicherheit nicht langweilig, aber ich habe immer gern einen Plan B, C oder auch D in der Tasche.

In jedem Fall wollen wir im All selbstständig auf der Raumstation arbeiten dürfen, sodass uns niemand die ganze Zeit über die Schulter schauen muss. Dennoch stellt sich die Frage, ob es wirklich sinnvoll ist, jedes angebotene Trainingsmodul durchzuführen, wie beispielsweise Flüge mit der T-38, einem amerikanischen Trainingsjet. So evaluieren wir gemeinsam mit unserem Astronautentrainer Peter Eichler, welche Module notwendig sind und welche nicht.

Für 2019 steht jedenfalls schon einmal fest: Wir machen bei Airbus in Bremen im Februar ein sogenanntes »Mock-up-Training«. Dabei führen wir in den dort aufgebauten ISS-Elementen Simulationen von Experimenten durch. Im Frühsommer ist in Houston eine Boeing Starliner-Notlandung im Wasser geplant, die wir mit einem Notfalltraining am Startturm am Cape Canaveral kombinieren möchten. Bei Letzterem geht es um das schnelle Verlassen des Turms, von dem aus die Astronauten die Raumkapsel besteigen – hierzu hat man im Ernstfall nur wenige Minuten Zeit. Die nötige Entfernung legt man mit Ziplines, also Seilrutschen, in sehr kurzer Zeit zurück. Im Spätsommer möchten wir bei COMEX in Marseille üben, unter Wasser verschiedene technische Prozeduren durchzuführen – zwar nicht in der Schwere-, dafür aber in der Orientierungslosigkeit. Hier geht es darum, die eigene »Situational Awareness« zu üben, also jederzeit die eigene Situation und eventuelle Risiken gut abschätzen zu können. Dieses Training wird auch genutzt, um die EVAs – Extravehicular Activity, die Außenbordeinsätze im All – vorzubereiten. Die sind allerdings für uns bei einer Kurzzeitmission nicht geplant. So war es auch bei meinem Vater, er hat auf dieselbe Weise trainiert, seine Arbeit unter erschwerten Bedingungen durchzuführen. Im Herbst rundet ein Überlebenstraining unseren Trainingsplan für 2019 ab.

Der »Prozedurenfresser«

Während meines Trainings zur D2-Mission verpassten mir Kollegen aus der Trainingsabteilung einen Namen, auf den ich zuerst nicht sehr stolz war. Sie nannten mich auch den »Prozedurenfresser«. Denn obwohl ich normalerweise gern mal die Dinge auf mich zukommen lasse und ein Stück weit einfach hinnehme, kommt innerhalb eines Projekts eine andere Seite von mir zum Vorschein. Ich will ganz genau verstehen, warum etwas in einer bestimmten Reihenfolge gemacht wird.

In der Raumfahrt gibt es viele und genau festgelegte Abläufe und folglich Prozeduren, die diese komplexen Abläufe widerspiegeln. Ich wollte, insbesondere während der Vorbereitung auf die D2-Mission, immer genau wissen, warum die Abfolge der Handlungsanweisungen so festgelegt wurde, wie sie war. Es gibt ja einen Grund, warum beispielsweise Schritt 4 vor 5 kommt und nicht umgekehrt. Diesen wollte ich wirklich begreifen. Der Hintergrund ist einfach: Eine Prozedur wird geschrieben für den Normalfall, also dafür, wie etwas idealerweise ablaufen sollte. Zum Glück tritt der Normalfall häufig ein. Aber manchmal findet man sich in einer komplett unvorhergesehenen Situation wieder. Eine, für die auch die Notfallchecklisten nicht ausreichen, weil sie nur für die wahrscheinlicheren Fehler geschrieben sind. Nur wer eine Prozedur wirklich verstanden hat, weiß, was er tut, wenn er vom vorgegebenen Normalfall abweicht und wie er in einem späteren Schritt vielleicht wieder auf den normalen Pfad zurückkehren kann. Wenn überhaupt.

Inspiriert dazu hat mich auch ein amerikanischer Vorzeigeastronaut der 90er: Robert Lee »Hoot« Gibson. Ausgerechnet mit ihm zusammen hatte ich ein Büro, als ich 1992 frisch zur NASA kam. Als wir uns das erste Mal begegneten, hatte ich Sorge, dass ich mich vor Aufregung gleich um Kopf und Kragen reden würde. Doch wir unterhielten uns ganz nett, vielleicht fünf Minuten oder zehn. Zum Schluss gab er mir einen Rat, der mich seither immer begleitet hat. »Weißt du, Gerhard«, sagte er, »ein Astronaut zu sein ist relativ einfach. Es gibt nur zwei Wege, in Schwierigkeiten zu geraten. Der erste ist, nicht den Prozeduren zu folgen. Der zweite ist, den Prozeduren zu folgen. Was du lernen musst, ist zu erkennen, in welcher der beiden Situationen du dich gerade befindest.« Und damit verließ er den Raum.

Dieses Prinzip gilt aus meiner Sicht nicht nur im All, sondern überall, wo komplexe Abläufe durchgeführt werden. Dem Maler Pablo Picasso wird das Zitat zugeschrieben: »Lerne die Regeln wie ein Profi, damit du sie wie ein Künstler brechen kannst.« Dem ist nichts hinzuzufügen.

Jetzt weiß ich endlich, woher ich diese Eigenschaft habe! Ich merke manchmal, dass ich damit manchen Mitmenschen fürchterlich auf den Geist gehe, dass ich erst genau verstehen will, *warum* ich etwas machen soll, bevor ich es mache. Das hat mir mein Vater scheinbar sehr gut beigebracht. Ich habe das Picassozitat hier in einer Rohform des Manuskripts das erste Mal gelesen und finde es sehr treffend – genau so sehe ich das auch. Manchmal muss man Regeln brechen, besonders wenn das eigene Leben auf dem Spiel steht. Lucas Geschichte zu lesen (→ Seite 104 ff.) – die ich bisher nur in sehr abgekürzter Form kannte – hat mir richtig Gänsehaut bereitet. In so einem Fall wäre es beinahe fatal gewesen, sich an die vom Boden vorgeschriebenen Regeln und Prozedere zu halten. Zeitgleich kann man natürlich auch nicht einfach frei nach Lust und Laune die Arbeit von Hunderten Menschen am Boden ignorieren – die richtige Entscheidung im richtigen Moment zu treffen ist tatsächlich eine Kunst.

In der eigenen Mitte bleiben

Momentan ist mein Alltag extrem vielfältig, bunt, hektisch und herausfordernd. Um mich immer wieder neu zu fokussieren und entspannen zu können, habe ich über die Jahre verschiedene Methoden ausprobiert. Zum Beispiel, mit der Smartphone-App »Calm« Zwei-Minuten-Meditationen zu machen. Bei uns im Geburtshaus in Bonn gibt es auch alle paar Wochen eine sogenannte »Stille Stunde«. Dort erlernt man Achtsamkeitsübungen oder macht ausgiebige Gehmeditationen. Ich baue so etwas gern einfach in meinen Tag ein, beispielsweise auf dem Weg zum Terminal am Flughafen. Das ist angenehmer, als »einfach nur so« zum Flieger zu hetzen. Sonst reagiere ich auch mal auf die Überreizung unruhig oder fahrig. Mit Achtsamkeit und Meditation kann ich das kompensieren.

Wenn ich bei mir bleibe und wahrnehme, dass ich beispielsweise müde bin, dann kann ich das meinen Mitmenschen eher mitteilen: »Das, was du jetzt von mir möchtest, geht gerade nicht, weil ich müde bin.« Wenn ich das aber nicht merke, sondern einfach nur reagiere, dann wird mein Alltag schwieriger und belastender. Gerade mit Kindern empfinde ich diese Selbstreflexion als bereichernd. Wenn ich bei mir bleibe, kann ich auch mal sagen: »Ich kann dir jetzt nicht noch eine zweite oder dritte Alternative zum Abendbrot anbieten, weil ich gerade zu müde bin. Das liegt nicht an dir. Aber du kannst dir selbst irgendetwas organisieren. Oder du isst jetzt diese Pfannkuchen, oder du wartest auf Papa, der ist in einer Stunde da.« Das ist etwas anderes, als genervt zu sagen: »Iss jetzt, was ich dir hingestellt habe.« Ich finde das Leben verläuft angenehmer, wenn man sich selbst reflektiert. Und dabei hilft Achtsamkeit.

Dabei bin ich ehrlich: Ich weiß, dass ich mit regelmäßiger Meditation ruhiger bin, dennoch vergehen manchmal Wochen, in denen ich keine einzige Minute aktiv meditiere. Solange mein Alltag nicht darunter leidet, ist das in Ordnung. Sollte dies doch einmal der Fall sein, wird es Zeit, das nötige Handwerkszeug zu nutzen, um dem gegenzusteuern.

Was ich dafür noch mache – ähnlich konsequent –, ist das sogenannte »Bullet-Journaling«. Hierzu verwendet man ein blankes Buch, das sich mit Kalender, To-do-Listen, mehr oder weniger geistreichen Ideen und der Planung des nächsten Kindergeburtstags füllen lässt. Normalerweise mache ich sogenanntes »Sunday Planning«. Dazu setzt man sich sonntags eine halbe Stunde lang hin und überlegt sich, was man in der kommenden Woche erreichen möchte. Damit die eigentlichen Ziele nicht so vom Alltag geschluckt werden, beispielsweise von Hunderten E-Mails, die stetig einprasseln. So kann man sich vorab genau überlegen, was man an welchem Tag erledigen möchte: Reisetage eignen sich wunderbar dazu, längere Texte zu lesen, sind aber eher schlecht für wichtige Telefonate. So habe ich gelernt, besser einzuschätzen, was wann möglich ist, und überschätze mich nicht mehr so oft – früher habe ich oft auf Dienstreisen noch meine komplette Promotionsliteratur mitgeführt, weil ich »abends im Hotel bestimmt ganz viel Zeit dafür habe«. Heute verreise ich auf bestimmten Dienstreisen sogar komplett ohne Laptop, weil mir schon von vornherein klar ist: Ich komme eh zu nichts.

Wenn zu viele Termine in der kommenden Woche liegen, kann ich sie auch noch rechtzeitig entzerren oder verschieben. Es hilft mir außerdem, wenn ich Termine für Telefonate vereinbare, selbst wenn es sich nur um Fünf-Minuten-Gespräche handelt.

Früher war ich in diesen Dingen meinem Vater ähnlicher, sehr chaotisch. Wir beide brauchen Gerüste von außen, um das kreative Chaos in geordnete Bahnen zu lenken, und am besten noch eine harte, unumstößliche Deadline. Eine Promotion ist übrigens ein denkbar schlechtes Projekt für diese persönliche Neigung. Keine Deadline, keine konstante Überwachung. Deshalb habe ich in dieser Phase auch gelernt, meine Zeit so strikt zu organisieren und zu strukturieren, sonst wäre ich wohl immer noch nicht fertig. Mein kleiner Bruder Finn oder meine Schwester Lerke sind da ganz anders, die haben schon Wochen vor der Deadline ihre Arbeiten fertig und sind sehr zielstrebig.

Mein Vater tut sich allerdings schwerer damit als ich abzuschalten. Er kann nicht einfach nur herumsitzen und nichts tun. Wenn er beispielsweise liest oder Gedichte auswendig lernt – so etwas macht er –, dann soll das auch einen literarischen Anspruch haben. Einfach mal hinlegen und einen Provinzkrimi aus der Bücherei in der Hängematte lesen, das macht er nicht – ich schon.

Vater-Tochter-Gespräch: Haben wir genug Zeit?

Ich weiß gar nicht, ob man Zeit überhaupt »haben« kann. Im Sinne von »besitzen«. Aber, ja: Ich habe jede Menge Zeit, jeden Tag 24 Stunden.

Die Frage, ob das genügend Zeit ist, ergibt sich daraus, dass wir oft gern mehr Dinge machen würden, als wir gleichzeitig tun können. Oder dass wir sie nicht so zeitnah tun können, wie wir es gern hätten. Das liegt aber nicht daran, dass wir grundsätzlich keine Zeit hätten, sondern eher daran, dass wir uns gelegentlich schwer damit tun, die richtigen Prioritäten zu setzen. Wenn das Gefühl aufkommt, ich hätte nicht genügend Zeit, dann liegt das daran, dass ich im Vorfeld irgendwo eine Entscheidung getroffen habe, die sich im Nachhinein nicht mehr richtig für mich anfühlt, sei es bewusst oder unbewusst.

Ich habe auch Zeit, ich habe aber auch viel zu tun. Ich mag dieses Bild von Momo in Michael Endes Roman, das mit den Seerosenblättern, die für die Zeit stehen. Beim Thema Zeit habe ich oft diese Assoziation. Kennst du die Geschichte noch?

Ich versuche mich zu erinnern, gerade kriege ich sie nicht zusammen.

Da ist es so: Die grauen Männer überreden die Menschen, ein Zeitsparkonto anzulegen, indem sie auf unnütze Tätigkeiten wie das Pflegen von zwischenmenschlichen Beziehungen verzichten. Die Zeit ist in seerosenähnlichen Stundenblumen gesammelt. Die so angesparte Zeit stehlen sie und verarbeiten die Blätter der Blumen zu Zigaretten, die sie rauchen, um zu überleben.

Dieses Buch hat mir schon in meiner Kindheit gezeigt: Zeit ist etwas Wertvolles. Und dass man mit seiner Zeit gestaltend umgehen sollte. Wenn ich das nicht bewusst mache, passiert es auch, dass ich sehr lange im Internet herumsurfe oder Ähnliches und nicht realisiere, wie viel Zeit eigentlich schon vergangen ist, die nicht sinnvoll genutzt wurde.

Wenn ich jedoch gut organisiert bin, schaffe ich sehr viel in der gleichen Zeit, die ich sonst vielleicht einfach vertrödeln würde. Das liegt aber nicht an der Zeit an sich, sondern daran, wie ich sie nutze. Deswegen würde ich sagen: Ich habe genug Zeit. Die Frage ist, wie man sie füllt.

Zeitverschwendung ist so gesehen Zeit, in der ich mich nicht bewusst dazu entscheide, entweder etwas Bestimmtes zu tun oder aber eine Pause zu machen. Man kann durchaus mal sagen: Heute ist ein Trödeltag, heute renne ich mal nicht meiner To-do-Liste hinterher, sondern schaue einfach, was passiert. Aber wenn man einfach nur von einer Kleinigkeit zur nächsten gleitet, ohne die Zeit selbst aktiv zu gestalten, dann ist das für mich Zeitverschwendung.

Ganz schlimm finde ich, wenn ineffizient gearbeitet wird. Das ist für mich extreme Zeitverschwendung – da werde ich ungeduldig. Wenn man eigentlich weiß, wie es auch schneller geht, bei gleichem Ergebnis, dann habe ich ein Problem damit, Dinge beispielsweise zum dritten Mal zu besprechen. Oder noch einmal einen Ablauf durchzukauen, den man schon zehnmal besprochen hat. Damit habe ich ein sehr großes Problem, mehr als mit allem anderen.

 Na, das ist eine schwierige Frage, was Zeitverschwendung ist. Wenn man etwas nicht besitzt oder hat, dann kann man es auch nicht verschwenden. Das wäre mal eine These, über die es sich lohnte, nachzudenken. Aber tatsächlich erlebe ich Zeitverschwendung nie aktuell, sondern immer nur in der Rückschau. Dass ich mir rückwirkend sage: Verflixt noch mal, das hätte aber wirklich zügiger laufen können.

 Hast du das wirklich nie zeitgleich? Also ich denke manchmal in bestimmten Situationen: Das hier ist einfach nur pure Zeitverschwendung. Zum Beispiel, wenn ich in einer Schlange stehe und sehe, der Ablauf vorn ist nicht ordentlich organisiert. Dann kann ich natürlich meditieren oder eine Freundin anrufen, irgendetwas checken oder regeln oder in den Kalender gucken. Aber wenn das gerade nicht geht, dann ist das für mich einfach nur Zeitverschwendung. Besonders stört es mich, wenn ich dieser Ineffizienz passiv ausgeliefert bin.

 Ja, das Gefühl kenne ich natürlich auch, vor allem von manchen Meetings. Einmal in den USA kam eine Crew zurück aus dem Weltall. Bei der NASA war es üblich, dass sie dann im Astronautenbüro erzählen, wie der Flug verlaufen ist. Was war wirklich gut, wo hätten Dinge besser laufen können? Aber auch Dinge, von denen man sich gewünscht hätte, man hätte sie vorher gewusst. Nach so einem mehr als zweieinhalbstündigen Meeting bin ich rausgegangen und habe geseufzt: »Das war doch wieder eine einzige Zumutung.« Zeitverschwendung sozusagen. Da drehte sich mein Kollege Ilan Ramon zu mir und sagte: »Warum? Es gab fünf Minuten mit wirklich guter Information, die ich sonst nie bekommen hätte. Zweieinhalb Stunden für eine solche Information zu investieren erscheint mir ein guter Deal.« Seither versuche ich, solche Besprechungen auch anders zu sehen.

6

All-Tag 350 Kilometer über der Erde

Was ist eigentlich eine Weltraummission?

Man könnte denken, eine Weltraummission beginnt mit dem Abheben der Rakete und endet mit der Landung eines Shuttles. Aber das ist nicht ganz richtig, denn jede Mission wird über einen langen Zeitraum vorbereitet. Bei unserer Mission, der »Shuttle Radar Topography Mission« (SRTM), waren es drei Jahre, in denen Wissenschaftler*innen, Techniker*innen und Ingenieur*innen an der Mission gearbeitet haben. Und in einem solchen Zeitraum verändert sich einiges: wie die Dinge gemacht werden, was für Möglichkeiten es gibt. Damit wird schnell deutlich, dass Raumfahrt nicht von Astronaut*innen allein gemacht wird. Astronaut*innen stoßen erst sehr viel später zum Missionsteam hinzu und sind nur ein kleiner Teil der ganzen Mannschaft. Allerdings ein sehr sichtbarer. Für den Erfolg einer Mission ist es sehr wichtig, dass der Astronaut sich als Teil eines großen Teams begreift.

Dazu gehört das Verständnis, dass nicht alles, was mir selbst die Arbeit im Orbit erleichtert oder erleichtern könnte, auch für die beteiligten Wissenschaftler die beste Lösung ist. Bei unserer Mission wurde die Erde mit Radarstrahlen abgetastet und so neu vermessen. Für uns an Bord der Raumfähre Endeavour wäre es hilfreich gewesen, einen »Radar Data Analyzer« (RDA) an Bord zu haben. Ein Blick auf den RDA hätte uns zumindest grob gezeigt, dass die Radaraufnahmen in Ordnung waren. Die Wissenschaftler zogen jedoch ein anderes Gerät vor, den »Beam Auto Tracker« (BAT). Dieser bot mehr Möglichkeiten, den Radarstrahl zu justieren. Aus Gewichts- und wohl auch aus Kostengründen mussten wir uns für eines dieser beiden Geräte entscheiden. Es flog der BAT. Der Gag: Das Radarsystem funktionierte so gut, dass der BAT nie zum Einsatz kam.

Hier zeigt sich: Was für die Crew oben einfacher ist, mag für die Kollegen am Boden sehr viel aufwendiger und schwieriger sein. Deswegen ist auch die Einsicht notwendig, dass man manchmal einen für sich selbst schwierigeren oder umständlicheren Ablauf in Kauf nehmen muss, weil er in der Gesamtschau für das Team der günstigere ist, weil andere dadurch weniger Aufwand betreiben müssen oder mehr Optionen haben. Das ist eine Fähigkeit, die man als Teamplayer mitbringen muss: nicht nur zu sehen, was ich gerade selbst tun muss, sondern was insgesamt geleistet werden muss, um ein bestimmtes Ziel zu erreichen.

Meine Missionszeit liegt ja nun bereits 18 Jahre zurück. Die E-Mail-Kommunikation zwischen All und Boden steckte noch in den Kinderschuhen, und so gab es klare Regeln dazu, wie wir damit umgehen. Damals war es so, dass dreimal am Tag die Mails nach oben geschickt oder von der Raumfähre zum Boden heruntergeladen wurden. Das war schon eine phänomenale Steigerung gegenüber dem einmal täglichen Turnus bei früheren Missionen. So durfte an eine Mail maximal ein Foto angehängt werden, um die Datenmenge in Grenzen zu halten. Wir hatten schon eine Digitalkamera an Bord, aber eben nur eine. Zum Fotografieren nutzten wir meist Spiegelreflexkameras, und so fiel es uns nicht schwer, uns an diese Regel zu halten. Bei späteren Missionen, als Digitalkameras immer populärer wurden, ist es durchaus vorgekommen, dass die Datenmenge für die Postfächer zu groß wurde, mit all den Anhängen. Hin und wieder waren die Kollegen am Boden gut damit beschäftigt, den E-Mail-Verkehr trotzdem zu bewältigen.

Redundante Systeme in der Raumfahrt

»Doppelt gemoppelt hält besser« – dieser Grundsatz ist Raumfahrtingenieuren viel zu wenig. Falls etwas kaputtgeht, sorgt man dafür, dass ein anderes System die Aufgabe des ersten übernehmen kann. An besonders kritischen Stellen sorgt man für noch mehr sogenannte »Redundanzen«: Auf dem Space Shuttle rechneten bei Start und Landung fünf Rechner dieselben Aufgaben – vier Rechner berechneten mit der identischen Software die Aufgaben und glichen die Ergebnisse immer wieder untereinander ab (dreifache Redundanz). Der fünfte Rechner berechnete die gleichen Aufgaben mit einer anderen Software völlig unabhängig von den ersten vier Rechnern (eine weitere Stufe der Redundanz).

 Das Bild des Astronauten als Testpiloten-Alphamännchen steckt immer noch in den Köpfen vieler Menschen. Vielfach wird unterstellt, man sei besonders mutig. Nein, es sind nicht alle wie Bruce Willis, der im Film »Armageddon« die Welt rettet. Ins All fliegen Wissenschaftler, die da oben eine Weile Forschung betreiben und nebenbei die kaputte Glühbirne wechseln oder den Müll rausbringen wie alle anderen Menschen auch. Wie sonst sollte der alltägliche Haushalt auch erledigt werden? Es sind meist sechs Leute auf der ISS, und jeder muss mal ran, bei allen Jobs, die so anfallen im täglichen Leben. Auch wenn das gerade 350 Kilometer über der Erdkugel stattfindet.

Tatsächlich werden Suzanna und ich bei den Haushaltstätigkeiten, zu denen auch gehört, den CO_2-Filter zu reparieren, wohl eher nicht eingeplant

werden. Das liegt daran, dass wir eine zweiwöchige reine Wissenschaftsmission anstreben, keinen sechsmonatigen Langzeitaufenthalt. Natürlich
müssen wir wissen, wie eine Raumstation funktioniert, aber zu ihrem Er-
halt werden wir in diesem Rahmen nicht beitragen.

ESA-Astronaut Alexander Gerst beispielsweise ist voll integriert in
den sogenannten »Maintenance-Teil«. Wir hingegen sind dort eher zah-
lende Gäste im Hotel, wir sind eben nicht die Betreiber oder der Haus-
meister des Hotels. Deshalb muss ich auch nicht die Toilette ausbauen und
grundreinigen, was dort regelmäßig gemacht wird. Außenarbeiten, zum
Beispiel die Solarpaneele instand halten, gehören ebenfalls nicht zu unseren Aufgaben – leider, denn damit entfällt auch die Möglichkeit zu einem
Weltraumspaziergang.

Diejenigen, die von den Mitgliedsstaaten der Raumstationen entsandt
werden, wie Alexander Gerst, sind sowohl Teil von »Maintenance« als
auch »Forschung« – nicht nur für das eigene Land, sondern auch für andere Mitgliedsländer der Raumstation. Europa bezahlt etwa acht Prozent
der Betriebskosten der Raumstation, sodass die ESA auch nur etwa acht
Prozent der wissenschaftlichen Nutzungszeit in Anspruch nehmen kann.
Bei Alexander Gersts letzter Mission waren das ungefähr 80 Stunden. Da
bei unserer Mission keine Maintenance-Aufgaben anfallen, beträgt die
Nutzungszeit etwa sechs Stunden pro Tag. Bei einer 14-tägigen Mission
kommen wir also mit etwa 60 bis 70 Stunden in die gleiche Größenord-
nung einer Langzeitmission.

Astronauten haben natürlich besondere Fähigkeiten in bestimmten Bereichen, aber die hat jeder Mensch in irgendeinem Bereich. Selbst wenn man
es bis zur Raumstation schafft: Letztendlich kocht man auch nur mit Wasser und ist nicht die große Heldin, sondern eine Servicekraft, die einen
Berg an Aufgaben abzuarbeiten hat. Einfach nur Purzelbäume schlagen
und auf die Erde starren kann man dabei eher selten. So gut wie jeder Tag
im All ist in Fünf-Minuten-Intervalle heruntergebrochen und durchgetaktet. Gearbeitet wird etwa zwölf Stunden pro Tag. Schließlich will man
das meiste aus der kostbaren Zeit im All herausholen.

Natürlich wird man während der Ausbildung auch dafür vorbereitet, im Notfall das Raumfahrzeug selbst zu steuern – wobei im Normalfall besonders bei SpaceX kaum noch Piloten erforderlich sind. Das fühlt sich schon ziemlich spektakulär und aufregend an. Und vielleicht sogar ein bisschen prestigeträchtig. Gleichzeitig lernt man aber auch, wie man in der Schwerelosigkeit Blut-, Urin- und Stuhlproben für biowissenschaftliche Experimente gewinnt, möglichst ohne eine große Putzaktion nach sich zu ziehen.

Crew Patch

 Das Crew Patch ist ein sehr sichtbares und omnipräsentes Erkennungszeichen einer Mission. So wird es zum Beispiel auf den Raumanzug genäht. Traditionell wird es von der Crew selbst entworfen, bei NASA stets von demjenigen mit der geringsten Flugerfahrung. Das war bei unserer Mission ich, denn ich war der einzige Neuling.

Auf unserem Patch ist die Erde abgebildet, darüber ein Regenbogen – in den Farben Rot, Gelb, Grün, Blau. Wir hatten uns geeinigt, keine Flaggen im Patch aufzunehmen. Da aber insgesamt die Farben Blau und Rot überwogen, zusammen mit unseren Namen in Weiß, waren die Farben für Amerika durchaus vertreten. Auch Mamoru aus Japan war mit Rot und Weiß repräsentiert. Irgendwie mussten sich doch die deutschen Farben unterbringen lassen, ohne dass dieses zu sehr ins Auge fiel? Der rettende Gedanke: Weil wir die Erde vermessen würden, überzogen wir sie auf dem Bild mit schwarzen Längen- und Breitengraden. Zusammen mit den entsprechenden Farben des Regenbogens spiegeln sie also unsere Nationalfarben.

 Auch auf unserem Crew Patch sind die deutschen Landesfarben vertreten. Wir haben allerdings nicht selbst an der Gestaltung mitgewirkt, das Patch war zur Bekanntgabe der letzten sechs Finalistinnen im März 2017 bereits fertig. Am Vorabend haben wir es bei einem Abend-

essen gezeigt bekommen, und ich habe mich sehr über ein Detail gefreut: Auf dem Patch befinden sich zwei Sterne. Sowohl bei D2 als auch bei STS-99 sind ebenfalls Sterne auf den Patches zu finden – diese stehen für die Kinder der Astronauten.

Die zwei Sterne waren im Fall von »Die Astronautin« nur willkürlich vom Grafikdesigner gewählt worden, aber ich habe es mal als gutes Omen angesehen. Als wir unseren Töchtern erzählt haben, dass wir nun ein Geschwisterchen erwarten, war meiner Ältesten tatsächlich ziemlich schnell klar, dass jetzt das Astronautin-Patch einen weiteren Stern braucht. Claudia Kessler musste darüber sehr lachen, hat aber schon gesagt, dass das wohl eher ein kleines Problem ist.

Die Nerven bewahren. Immer.

 Selbst wenn alles schiefgeht und die Situation bedrohlich wird, ist eine gewisse Gelassenheit für Astronaut*innen empfehlenswert. Deshalb wird auf emotionale Stabilität auch schon in den Auswahlverfahren so viel Wert gelegt. Oder wie ich von Brian Duffy, einem Shuttle-Kommandanten, gelernt habe: Keine Situation ist so schlecht, dass du sie durch eine falsche Reaktion nicht noch schlechter machen könntest.

Das Paradebeispiel für starke Nerven ist für mich Luca Parmitano, ein italienischer Testpilot und aktueller ESA-Astronaut. Bei einem Außenbordeinsatz im Juli 2013 ist er nur ganz knapp einer Katastrophe entronnen. Mitten im Weltall hätte er ertrinken können.

Bereits einige Jahre zuvor war Parmitano in einer sehr brenzligen Situation, als er während eines Flugs mit seinem Militärjet über der Nordsee eine ziemlich unschöne Begegnung mit einem Storch hatte. Der Vogel krachte in die Frontscheibe, das Glas splitterte. Doch Parmitano löste nicht etwa den Schleudersitz aus, sondern landete das Flugzeug trotz eingeschränkter Sicht und schwerer Beschädigung wieder sicher am Stützpunkt. Als der Flieger dort begutachtet wurde, wunderte man sich, wie er überhaupt noch flugfähig gewesen sein konnte.

Wir bei der ESA haben ihn später dazu befragt, wie er in diesem Moment mit dem Unfall umgegangen ist. Er antwortete:»Die Maschine flog ja! Ich bin ja nicht vom Himmel gefallen oder so was, und dann man macht eben, was notwendig ist, damit man auch da oben bleibt. Es ging ja auch gut.« Da wussten wir: Dieser Mann hat starke Nerven. Und die haben ihm bei einem Außenbordeinsatz im Weltall im Jahr 2013 mit ziemlicher Sicherheit das Leben gerettet.

Es klingt schon grotesk: Wie kann man im Weltall ertrinken, wenn es dort doch kein Wasser gibt? Aber Lucas Raumanzug war defekt. Dieser Raumanzug ist fast eine Art Mini-Raumfahrzeug. Man hat dort drin sein eigenes Lebenserhaltungssystem mit Sauerstoff, Schutz vor Strahlung und einer einigermaßen akzeptablen Temperatur. Um den Temperaturhaushalt zu regulieren und damit zu vermeiden, dass der Astronaut bei der Arbeit draußen im freien Weltraum überhitzt, laufen dünne Schläuche mit Kühlwasser durch die Unterwäsche. Anders würde die Wärme seines Körpers nicht abgeleitet. Und wenn man draußen arbeitet, dann kann das schon einmal einem Marathon ähneln.

In diesem kühlenden Wasserkreislauf in Lucas Raumanzug war ein Leck, sodass nach und nach Wasser austrat. Es sammelte sich ausgerechnet im Helm, ungefähr anderthalb Liter.»Stellen Sie sich vor, Sie müssen mit einem Goldfischglas auf dem Kopf herumlaufen« – so hat Luca den Vorfall später in einem Spiegel-Online-Interview zusammengefasst.

Dieses Ereignis ist ein Musterbeispiel dafür, wie bei komplexen Prozessen – und eine EVA ist ein komplexer Prozess, nie Routine – schon kleine technische Fehler große Auswirkungen haben können. Nämlich dann, wenn zu dem Fehler noch Kommunikationsprobleme, umständliche Abläufe, Fehleinschätzungen hinzukommen – oder im schlimmsten Fall alle diese Dinge zusammenkommen. Das Beste daran ist noch, dass man daraus eine Menge lernen kann. Und die NASA hat die Ereignisse auf dieser EVA in aller Gründlichkeit untersucht.

Das Beklemmende an dieser Geschichte: Lucas Raumanzug war schon nach seinem ersten Außenbordeinsatz eine Woche zuvor defekt gewesen. Bereits da hatte Luca dem Kontrollzentrum von Wasser in seinem Helm berichtet. Im Grunde hätte man diesen Anzug testen müssen: Wo kommt das Wasser her? Es gab außer einem Leck im Kühlkreislauf theoretisch noch zwei andere Quellen. Die eine ist einfach Schweiß, die andere ein Trinkbeutel, aus dem die Astronauten während ihres sechs- bis achtstündigen Einsatzes außerhalb der ISS mit einer Art Strohhalm Wasser trinken. Dass jemand so viel schwitzt, konnte sich niemand vorstellen. Aber dass der Trinkbeutel vielleicht undicht ist, das kann ja schon mal vorkommen.

Im Kontrollzentrum gab es durchaus Stimmen, die nach Lucas erster EVA für das Testen des Anzugs plädierten, bevor Luca damit zu seiner nächsten EVA hinausgeschickt wird. Doch die Erfahrenen winkten ab, mit Hinweis auf den großen Aufwand und die zeitlichen Verzögerungen, die aus so einer Prüfung resultieren würden. Und so kam es, dass sich die wirklich Verantwortlichen im Missionsmanagement mit dem Problem gar nicht befassten.

Hinzu kam ein Kommunikationsproblem: Der Trinkbeutel galt als glaubwürdigste Ursache für das Wasser in Lucas Anzug. Und das um so mehr, da Luca über *Space to ground* auf die Frage, wie viel er getrunken habe, meldete »I didn't drink it all«. Im Kontrollzentrum verstand man aber »I didn't drink at all«: Ich habe überhaupt nichts getrunken. Ja, wenn das so ist, dann muss der Trinkbeutel noch randvoll gewesen sein und dann ist es auch kein Wunder, dass Luca so viel Wasser im Helm hat, wenn der Trinkbeutel undicht ist. Nur die Flight Surgeons wurden hellhörig, die Mediziner, die sich vor, während und nach einer Mission um die Gesundheit der Astronauten kümmern. Sie ermahnten Luca, dass er schon regelmäßig trinken müsse, wenn er acht Stunden lang hart arbeite, sonst laufe er Gefahr, dass sein Kreislauf Probleme mache. Luca war erstaunt: »Wieso? Ich habe doch getrunken, aber ich habe nicht alles getrunken.«

Diese Aussage wurde den verantwortlichen EVA-Ingenieuren im Kontrollzentrum nicht mitgeteilt. Hätte ein Flight Surgeon sie informiert:»Luca hat viel getrunken – eure Annahme, dass der Trinkbeutel der Grund für das Wasser im Helm ist, ist vielleicht nicht richtig«, hätte das möglicherweise noch zu einer Überprüfung des Anzugs geführt. Aber ohne diese Information haben sie sich erst einmal auf die naheliegende Antwort verlassen. Und Luca dann mit einem bereits defekten Anzug zu seiner zweiten EVA ins All geschickt.

Nach einer guten halben Stunde schlug der CO_2-Sensor Alarm. Dieser Sensor dient dazu, den Astronauten zu warnen, dass der CO_2-Gehalt im Raumanzug einen Grenzwert erreicht hat. Das CO_2 kommt aus der Luft, die wir ausatmen – etwa fünf Prozent davon besteht aus CO_2. Über Stunden kann sich das Gas anreichern. Gefährlich ist das nicht, wenn man das weiß und beobachtet. Allerdings reagiert der Sensor empfindlich auf Feuchtigkeit und fällt schon mal aus. Glücklicherweise verabschiedet er sich mit einem Alarmsignal, sodass man weiß, dass man sich nun nicht mehr auf ihn verlassen kann. Meist geschieht das nach fünf, sechs oder mehr Stunden, wenn man schon lange gearbeitet und entsprechend geschwitzt hat. Noch nie war der Sensor schon nach einer halben Stunde ausgefallen. Auch meldete Luca erneut, dass er Wasser im Helm habe:»It feels like a lot of water.« Im Kontrollzentrum wurde intensiv diskutiert, um sich ein stimmiges Bild zu machen. Nach einer weiteren halben Stunde wurde der Außenbordeinsatz schließlich abgebrochen.

Luca hat es gerade noch zurückgeschafft. Das Leck war hinten an seinem Rücken, von dort kroch das Wasser über den Nacken und seinen Kopf langsam in sein Gesicht, über die Augen und Ohren, kroch in die Nase und erschwerte auch das Atmen. Luca konnte niemanden mehr verstehen, weil die Kappe mit dem Mikrofon und den Kopfhörern feucht geworden war und beides, Mikrofon und Kopfhörer, ausgefallen waren. Trotzdem berichtete er ununterbrochen, was er gerade tat, in der Hoffnung, dass das Kontrollzentrum und die anderen Astronauten an Bord der ISS ihn hörten und wussten, dass er noch okay war. Allerdings haben die Kollegen ihn nur noch teilweise gehört.

Zu allem Überfluss wurde es just in dem Moment, als die EVA abgebrochen und Luca zur Luftschleuse zurückbeordert worden war, innerhalb von ein, zwei Minuten Nacht. Und »Nacht« heißt dort oben absolute Finsternis. Sie sehen nichts. Es ist einfach schwarz. Sich dann im Stockdunkeln zurückzuhangeln, zum Airlock, also zur Luftschleuse, dazu gehört schon eine gehörige Portion Besonnenheit. Und hinzu kam ja, dass Luca nur noch mit Schwierigkeiten atmen konnte. Bei jedem Atemzug, den er machte, musste er irgendwie das Wasser draußenhalten. Wer einmal getaucht ist, mit einem nicht einwandfrei funktionierenden Lungenautomaten, kennt dieses Phänomen vielleicht. Bei jedem Atemzug bekommt man auch etwas Wasser in den Mund. Man darf das Wasser dabei nicht verschlucken, sondern muss es beim nächsten Ausatmen quasi wieder hinausprusten. Luca sah nichts, musste auf sehr komplexe Art und Weise atmen und dabei seinen Weg durch die Dunkelheit zurück in die Luftschleuse finden.

Er hatte es tatsächlich geschafft. Als er an Bord der ISS endlich den Helm abnehmen konnte, waren alle überrascht, schockiert, wie viel Wasser darin war. Nur wenig länger, und Lucas Einsatz wäre möglicherweise tragisch ausgegangen. Trotz dieser extremen Situation hatte Luca die ganze Zeit über die Nerven bewahrt und genau das getan, was in diesem Moment notwendig war. Ich möchte für mich nicht in Anspruch nehmen, dass mir das in vergleichbarer Weise gelungen wäre.

BORDTAGEBUCH:
SHUTTLE RADAR TOPOGRAPHY MISSION (SRTM)

L-1 30.1.2000 – 1 Tag vor dem Launch
Heute ist die Entscheidung gefallen: Wir sollen morgen starten. Die letzten technischen Fragen sind geklärt, jetzt heißt es, Daumen drücken und hoffen, dass das Wetter mitspielt. Eine Front soll heute Nacht über Florida hinwegziehen, warten wir ab, wie blau morgen früh der Himmel über Florida sein wird. Der Tag vor dem Start ist aus vielen Gründen ein ganz besonderer Tag. Für mich deshalb, weil ich mich verabschieden muss von Familie und Freunden. Das ist sehr viel schwerer als ein noch so anstrengender Trainingstag ...

L-1 31.1.2000
Wir befinden uns bereits auf der sechsten Erdumrundung ... So hätte der Bericht über den heutigen Tag beginnen können. Aber noch sind wir nicht ganz so weit: Das Wetter und ein technisches Problem mit einer Elektronikbox haben heute einen Start vorerst verhindert.
Der Tag hatte gut begonnen, wir waren dem Zeitplan immer eine Nasenlänge voraus. Aufstehen, zum Frühstück gab es für mich Rührei mit Speck und Orangensaft, das Anlegen und Austesten der orangefarbenen Raumanzüge, es lief wie am Schnürchen. Dann die erste »Panne«: Der Astrovan, der uns zum Launch Pad fährt, hält am Launch Control Center an: »Bitte die Shuttle Boarding Pässe abgeben.« Alle, bis auf mich, zaubern im Handumdrehen eine gelbe Karte, nicht viel größer als eine Kreditkarte, aus einer der Taschen des Raumanzuges hervor. Von einer solchen Karte habe ich noch nie gehört und sitze da wie vom Donner gerührt. Erst nach etlichen Schrecksekunden merke ich, dass ich als »Weltraumneuling« einem Streich aufgesessen bin. Das kann ja noch heiter werden ...

Der Blick zum Himmel zeigt uns sofort, dass die Chancen auf einen Start klein sind. Trotzdem, vielleicht haben wir ja Glück: Vier Stunden liegen wir in der Endeavour auf unserem Rücken, zwei Stunden länger als vorgesehen. Die Stimmung im Cockpit ist ausgezeichnet. Checklisten werden reibungslos durchgearbeitet. Und immer wieder halten wir nach einem Stückchen Blau am Himmel Ausschau. Aber heute soll daraus nichts werden. Ein zusätzliches, technisches Problem macht die Entscheidung durch den NASA Launch Director einfach: Der Start wird auf morgen verschoben. Zurück in unserer Unterkunft, dem Astronaut Crew Quarter, treffen wir noch einmal unsere Familien. Sie sind genauso gelassen wie wir. Morgen soll es schöneres Wetter geben.

L-? Der Start wurde abgebrochen, wie viele Tage nun bis zum Launch vergehen, wissen wir nicht.

In der Nacht nach dem Startversuch habe ich wie ein Murmeltier geschlafen. Doch am frühen Morgen, kurz nach sechs Uhr, werde ich durch ein sachtes Klopfen an Kevins Tür wach – Kevins Zimmer liegt direkt neben meinem. Ich weiß, dass ich noch eineinhalb Stunden schlafen kann, ich weiß aber auch, dass dieses Klopfen etwas bedeutet. Also raus aus dem Bett.

Wir erfahren, dass die NASA-Manager beschlossen haben, die Elektronikbox, die mit ein Grund für unsere Startverschiebung gestern war, auswechseln zu lassen. Dom, Janice, Mamoru – unsere »blaue« Schicht – sind schon seit Mitternacht wach und kennen die Entscheidung seit ein paar Stunden. Janet ist ebenfalls geweckt worden. Wir versammeln uns im Konferenzraum, besprechen, wie der Tag heute ablaufen soll. Es wird ein Familientag.

Mit meinen Eltern und Freunden, die extra aus Deutschland angereist sind, mache ich unter strahlend blauem Himmel einen schönen Strandspaziergang. Meist überwiegt die Freude über das bislang Erlebte und das unverhoffte Wiedersehen die Enttäuschung über das entgangene Starterlebnis. Am nächsten Tag werden wir nach Houston zurückfliegen und in den folgenden Tagen noch einmal einige Missionsabschnitte im Simulator durchspielen. Dann wieder sieben Tage Quarantäne. Ein Gutes hat die Startverschiebung ja: Auf den Trick mit dem Shuttle Boarding Pass werde ich nicht mehr hereinfallen.

7

Erde, Mond, Mars und mehr

Es gibt keine Erde 2.0

 Vergesst die Erde 2.0. Unsere einzige Heimat ist hier, und das wird sich auf absehbare Zeit auch nicht ändern. Filme und Serien rund ums Weltall drehen sich oft um andere bewohnbare Planeten. So entsteht möglicherweise beim ein oder anderen die Vorstellung, dass wir ja allesamt einfach einpacken und umziehen könnten, wenn wir die Biosphäre hier gegen die Wand gefahren haben.

Familie Robinson bei »Lost in Space« auf Netflix findet beispielsweise einen Planeten mit Wasser, auf dem sie sich niederlassen. Merkwürdig, mit welchem Vertrauen in ihr Glück und die dortige Atmosphäre sie einfach mal den Helm abnehmen. Aber sei's drum. Es ist eine Geschichte. Die Realität, so muss ich als Klimaforscherin betonen, sieht folgendermaßen aus: Wir müssen uns dringend kollektiv am Riemen reißen. Sonst wird es ungemütlich. Und zwar unter Umständen sehr.

Selbst wenn wir einen Planeten finden würden, dessen Bedingungen denen der Erde stark ähneln und den wir mit heutigen Mitteln erreichen könnten – wie hoch ist diese Wahrscheinlichkeit? –, muss man sich klarmachen: Wir werden uns dort nicht alle häuslich niederlassen. Wir sind über sieben Milliarden Menschen hier auf der Erde. Wenn auf ein durchschnittliches Raumschiff sieben Leute passen – glauben wir wirklich, dass wir in Kürze eine Milliarde davon bauen werden, das finanzieren können und alle mal flugs ins All schießen? Wenn überhaupt, könnte so nur ein sehr geringer Teil der Menschheit gerettet werden, dem muss man sich bewusst sein.

Momentan haben wir keine Alternative zur Erde, deshalb ist es meiner Meinung nach alternativlos, die Herausforderung des Klimawandels mit besonderer Aufmerksamkeit und Kraft anzugehen. Darum möchte ich schon jetzt, aber auch nach meinem Aufenthalt im All meinen Zugang zur Öffentlichkeit dafür nutzen, auf dieses Thema aufmerksam zu machen. Raumfahrt dient eben nicht in erster Linie dazu, die Erde zu verlassen, auch wenn sie diese Möglichkeiten eröffnen kann. In erster Linie dient sie dazu, unseren Heimatplaneten besser zu verstehen.

Auch sollten wir die naive Vorstellung ad acta legen, dass woanders alles einfacher und besser wäre. Sollten wir eine Notlösung auf einem anderen Planeten finden, können wir nicht automatisch davon ausgehen, dass wir dort im Schlaraffenland landen. Natürlich: Gäbe es wirklich Not, und eine halbwegs plausible Alternative, könnte ich mir auch vorstellen, mit der gesamten Familie umzusiedeln. Jetzt gerade halte ich so ein Szenario aber für vollkommen abwegig.

Eine der Herausforderungen, die ich für unsere Gesellschaft sehe, ist: Wie verheiraten wir das ökonomisch Wünschbare mit den ökologischen Notwendigkeiten. Das ist eine zentrale Aufgabe, die wir für unsere Zukunft lösen müssen. Wer die Tageszeitung liest, kann leicht den Eindruck gewinnen, dass wir damit noch nicht einmal begonnen haben.

Ich bin 1953 geboren, meine erste politische Erfahrung fand also in den späten 60er- und 70er-Jahren des vergangenen Jahrhunderts statt. Deswegen sind für mich »Die Grünen« die Umweltpartei, auch wenn natürlich viele ihrer Positionen in den anderen Parteien Einzug gehalten haben. Grüne in der Regierung? Das war damals für viele absolut undenkbar! Heute führt in Baden-Württemberg Winfried Kretschmann, ein »grüner« Ministerpräsident, eine grün-schwarze Landesregierung. In einem ökonomisch so starken Bundesland finden »typisch grüne« Positionen ganz offensichtlich eine Mehrheit. Für mich ist das ein ermutigendes Zeichen, widerlegt es doch all diejenigen, die glauben, Ökonomie gehe notwendig zulasten der Ökologie oder umgekehrt: Das Ökologische behindere die Ökonomie. Für mich sind Ökologie und Ökonomie zwei Seiten der gleichen Medaille – und diese Medaille heißt Zukunft. Es gibt jedoch einen wichtigen Unterschied: Wenn es mit der Ökonomie nicht läuft, merke ich das selbst an meinem Geldbeutel. Wenn es mit der Ökologie bergab geht, bekommen das meine Kinder und Kindeskinder zu spüren.

Vor 35 Jahren habe ich im Bereich Umweltphysik promoviert. Dabei habe ich ein Modell entwickelt, welches die Zirkulation der Warmwassersphäre im Nordostatlantik simulieren sollte. Wenn man das Klima besser verstehen will, dann genügt es nicht, die Atmosphäre für sich allein zu betrachten. Man muss auch verstehen, wie die Ozeane zirkulieren, denn die Atmosphäre steht mit dem Ozean in einem fortwährenden Austausch. Bei uns am bekanntesten ist vielleicht der Golfstrom, der von Amerika nach Europa strömt und dabei warmes Wasser zu uns transportiert. Käme der Golfstrom zum Erliegen, bekämen wir in Berlin vergleichbare Winter wie im russischen Irkutsk. Klimamodelle versuchen, das Zusammenwirken von Ozean und Atmosphäre zu beschreiben. Weil die Vorgänge sehr komplex sind, können auch die Modelle nicht einfach sein und enthalten notwendigerweise viele Annahmen.

Vor diesem Hintergrund lässt sich auch die Diskussion besser verstehen, die sich um die Entwicklung des Klimas dreht. Die einen sagen, die Durchschnittstemperatur wird um mindestens zwei Grad steigen. Die anderen sagen: Es kann uns noch gelingen, den Anstieg auf eineinhalb Grad zu begrenzen. Diese Aussagen hängen davon ab, wie das Klimamodell aufgebaut ist, auf das sie sich beziehen, und welche Annahmen ihm zugrunde liegen. Es sind nicht alle Klimamodelle gleich! Jedes Klimaforschungsinstitut macht natürlich die Annahmen, die es für begründet und plausibel hält. Die unterscheiden sich teilweise – und so kommen die unterschiedlichen Ergebnisse und Voraussagen zustande. Das macht es natürlich nicht einfacher, sich über die schon jetzt notwendigen Maßnahmen zu verständigen.

Schön wäre es natürlich, wenn ich selbst meinen ökologischen Fußabdruck so klein wie nötig hielte. Was manchmal mehr und zu häufig weniger gut gelingt. So versuche ich beispielsweise, nicht ständig das Auto zu benutzen. Wir haben auch lange diskutiert, ob wir uns ein Elektroauto kaufen, doch im Moment überwiegt noch die Skepsis hinsichtlich der Reichweite und der Häufigkeit der Ladestationen. Dann machte mich ein Freund darauf aufmerksam, dass die beste Alternative in der Stadt doch wohl ein Elektrofahrrad ist. Darüber hatte ich noch gar nicht nachgedacht, und ich musste zugeben, er hatte recht. Wir wohnen oben am Berg, und natürlich kann ich mit dem Fahrrad dort hochfahren. Aber das jeden Tag zu tun fällt mir doch etwas schwerer als früher. Jetzt haben wir uns ein Elektrofahrrad angeschafft, und ich versuche, die meisten Fahrten auf diese Weise zu erledigen. Bis auf den Samstagseinkauf – dafür wollte ich einen Anhänger fürs Fahrrad kaufen, auf den ich die Einkäufe laden kann. Doch meine Frau erhob Einspruch, weil dann nur noch einer von uns einkaufen gehen würde. Das Ritual des gemeinsamen Einkaufens, Leute treffen, irgendwo einen Kaffee trinken – das würde entfallen, und das möchte sie nicht. Kann ich nachvollziehen. Samstagmorgens fahren wir deshalb mit unserem kleinen Auto in die Stadt und machen so unsere Erledigungen.

Die Erde von oben anschauen kann jeder

Die fliegende Webcam der Internationalen Raumstation ISS streamt live ins Internet, beispielsweise unter dlr.de. Hier kann man die Erde aus bis zu 400 Kilometern Höhe, also aus Sicht der Astronauten sehen und ihnen teilweise bei der Arbeit zuschauen. Am Geographischen Institut der Universität Bonn gibt es sogar ein Programm für Schulklassen, mit denen sie eine der Kameras steuern können.

Vater-Tochter-Gespräch: Flat Earth

Es gibt eine kleine Bewegung von Menschen, die im Internet ihren festen Glauben kundtun, die Erde sei keine Kugel, sondern eine flache Scheibe. Bilder unseres Planeten aus dem All halten sie für gefälscht. Wie überzeugt man so einen Menschen vom Gegenteil? Gar nicht. Ein Flat Earther will nicht überzeugt werden, also mache ich mir gar nicht erst diese Mühe. Es gibt so viele Hinweise, dass die Erde nicht flach sein kann. Wenn das jemand trotzdem glauben will, dann darf er das auch weiterhin tun. Ich widme mich lieber anderen Dingen.

Das sehe ich genauso. Ich habe beobachtet, dass bei den sozialen Medien der NASA nahezu jeder Post von der NASA mit Kommentaren von Flat Earthern geflutet ist. Sogar beim Start von Alexander Gerst im Juni 2018 gab es auf dem YouTube-Kanal während der Liveübertragung des DLR Kommentare von Flat Earthern oder zumindest von Leuten, die sich dafür ausgegeben haben. Darüber habe ich mich ein bisschen amüsiert. Dann fiel mir auf: Irgendwie ist dieses Phänomen auch interessant. Dass jemand mit den heutigen Möglichkeiten ernsthaft davon ausgeht, dass es sich bei dieser Vorstellung um ein plausibles Weltmodell handelt. Letztlich wirft eine solche Vorstellung so enorm viele Fragen auf, dass es mir vollkommen unerklärlich ist, wie man ernsthaft davon überzeugt sein kann. Aber beim Klimawandel, also bei den sogenannten Klimaskeptikern, ist das ja ähnlich.

Tatsächlich gibt es nur 3000 Mitglieder in der Flat Earth Society, und man hat den Eindruck, dass 2000 davon nur Mitglieder sind, um sich über die anderen lustig zu machen. Das heißt, es sind so wenige, die wirklich daran glauben, dass ich mir die großartige wissenschaftliche Argumentationskette spare. Man könnte ja auch einfach bei einem

Transatlantikflug aus dem Fenster schauen, da wird schon eine leichte Krümmung der Erdoberfläche am Horizont sichtbar. Oder man fragt sich, wie Zeitzonen entstehen – nämlich dadurch, dass sich der Globus um die eigene Achse dreht. Oder man schaut einfach mal aus der ISS raus. Das können auch die Menschen auf der Erde tun, denn die Außenkameras der Raumstation senden ja die Bilder live ins Internet. Wer trotz allem immer noch von der Theorie der flachen Erde überzeugt ist, der möge das bitte einfach weiter glauben. Davon geht die Welt nicht unter.

Früher oder später fliegen Menschen zum Mars

 Der große Physiker Stephen Hawking, der im März 2018 verstorben ist, war ein begeisterter Anhänger der Raumfahrt. Unvergessen für mich, wie er trotz seiner furchtbaren Erkrankung die Schwerelosigkeit selbst erleben wollte und 2007 an einem Parabelflug teilnahm. Stephen Hawking vertrat die Ansicht, die einzige Überlebenschance für die Menschheit wäre es, ins All zu neuen Welten aufzubrechen. Gegen Ende seines Lebens äußerte er dies drängender, auch mit der Begründung, es wäre sicher besser, wenn wir uns gegenseitig aus dem Weg gehen könnten. Diese Sichtweise ist mir zu fatalistisch. Es gibt andere gute Gründe, ins All zu fliegen, die letztlich in unserer menschlichen Natur wurzeln – der Drang, zu entdecken und zu erforschen. Und dies wird dazu führen, nicht in Jahrzehnten, aber in Jahrhunderten oder Jahrtausenden, dass sich menschliches Leben jenseits der Erde ausbreiten wird, so, wie das Leben einst den Ozean verlassen hat.

Elon Musk plant ja, die SpaceX-Marsrakete bereits 2019 loszuschicken. Ob es tatsächlich so kommt, wird sich zeigen. Ich denke, der Zeitplan ist extrem ehrgeizig, aber das muss er auch sein, Elon Musk will seine Leute für ein sehr anspruchsvolles Ziel begeistern. Und genau das schafft er auch. Denn wenig reizt den Menschen so sehr wie ein ambitioniertes Ziel. Die größte Gefahr für die meisten von uns heute ist nicht, dass wir uns ein zu hohes Ziel setzen und es verfehlen, sondern dass wir uns ein mittelmäßiges setzen und es erreichen. Was wie aus einem der zahllosen modernen Ratgeber für den Erfolgsuchenden klingt, ist freilich schon über vierhundert Jahre alt. Das Zitat stammt von keinem Geringeren als Michelangelo.

Elon Musk bin ich leider noch nicht persönlich begegnet. Ich bin mir nicht ganz sicher, wie ernst er in der etablierten Raumfahrtszene anfänglich genommen worden ist. Ich bin mir noch nicht einmal sicher, ob ihn heute alle wirklich ernst nehmen. Immer wieder höre ich den Vorwurf, dass er zwar vieles ankündige, aber wenig davon am Ende liefere. Ich sehe das anders. So hat Elon Musk mit SpaceX die erfolgreiche Rückführung der ersten Raketenstufe als Erster erreicht und nachgewiesen, dass dies möglich ist. Das muss ihm erst einmal einer nachmachen.

Mit der Wiederverwendbarkeit der ersten und stärksten Stufe einer Rakete werden sich die Startkosten deutlich reduzieren lassen. Und mit weiteren Verbesserungen ist es durchaus möglich, die Startkosten auf unter zehn Prozent des heute üblichen Startpreises zu drücken. Elon Musk hat sogar die Vorstellung geäußert, eines fernen Tages für den hundertsten Teil ins All zu kommen. Doch auch wenn dieser Tag noch sehr fern sein sollte: Schon die Reduktion auf ein Zehntel ist ein gewaltiger Fortschritt. Dies wird umso deutlicher, wenn man sich vor Augen führt, dass die Transportkosten einer Raumflugmission bis zu einem Drittel der Gesamtkosten einer Mission ausmachen können. Zum Vergleich: Der operationelle Betrieb, also die Durchführung der eigentlichen Mission, wie zum Beispiel der Flug zu und die Landung auf einem Kometen oder die Kartografierung eines Planeten oder Mondes, beträgt in der Regel nur etwa 15 Prozent. Schon aus diesem Vergleich wird deutlich, wie wichtig es ist, die Startkosten für Raumflugmissionen zu senken, und zwar drastisch. Jean Botti, damals Chief Technical Officer bei Airbus, soll gesagt haben, diejenigen, die Elon Musk nicht ernst nähmen, würden große Sorgen bekommen. Dem kann ich nur zustimmen.

Für mich ist es keine Frage, dass die Menschen früher oder später zum Mars aufbrechen werden. 2011 wurde in den Niederlanden die Stiftung »Mars One« gegründet, deren Ziel es ist, Menschen auf dem Mars anzusiedeln. Anvisiert ist ein Start im Jahr 2031, die Ankunft wäre nach rund sieben Monaten Flug 2032. Und zwar ohne Rückflugticket. Die ersten Menschen auf dem Mars müssten sich vorher festlegen, dass sie dort für das restliche Leben bleiben wollen. Dieses Konzept ist für mich aus ethischen Gründen völlig inakzeptabel. Wir müssen dem Menschen zugestehen, dass er früher getroffene Entscheidungen hinterfragt, widerruft und gegebenenfalls rückgängig macht. Ihr oder ihm diese Möglichkeiten von vornherein zu nehmen, ist nicht vertretbar.

Ich weiß, dass es andere Auffassungen dazu gibt. Das Europäische Institut für Weltraumfragen (European Space Policy Institute, ESPI) veröffentlicht in regelmäßigen Abständen sogenannte »Perspektiven«, in denen die unterschiedlichsten Fragen zu verschiedenen Dingen diskutiert werden, die den Weltraum oder die Raumfahrt betreffen. Doch zum Thema »Mars One« war es nicht möglich, unter den Kollegen des ESPI eine einheitliche Position zu gewinnen. Die einen sagten: »Mars One – Auf keinen Fall!«, und die anderen antworteten: »Mars One – Warum nicht?« Peter Hulsroj, damals Direktor des ESPI, hat deshalb entschieden, zu beiden Positionen jeweils eine eigene »Perspektive« zu veröffentlichen. Etwas, was meines Wissens am ESPI vorher noch nie geschehen war und was ich sehr begrüße, weil es beiden Seiten erlaubt, ihre Argumente ausführlich vorzutragen. Ich konnte mich in die Diskussion nur noch ganz zu Beginn einbringen, weil ich das ESPI Anfang 2013 nach drei Jahren verlassen habe und wieder zur ESA zurückgekehrt bin.

Ein Argument der Mars-One-Befürworter ist nicht von der Hand zu weisen und muss ernst genommen werden. Es beruht am Ende auf der persönlichen Freiheit und dem Recht zur Selbstbestimmung, solange dadurch Dritten kein Schaden zugefügt wird. Unsere Gesellschaft erlaubt dies schon heute an vielen Stellen, dabei muss man gar nicht bis zum Wingsuitfliegen oder Freiklettern gehen. Die meisten von uns würden diese Sportarten für sich selbst als abwegig betrachten, ohne sich überhaupt damit näher beschäftigt zu haben. Das ist auch nicht weiter schlimm, sollte uns aber nicht dazu verleiten, anderen die Freude an diesen Sportarten zu verbieten. Ganz ähnlich sollten wir den möglichen Mars-One-Astronauten nicht absprechen, sie hätten sich erst nach sorgfältiger Analyse und reiflicher Überlegung auf den Marsflug ohne Rückkehr eingelassen.

Im Grunde habe ich mit dieser Argumentation kein Problem, wenn denn eine prinzipielle Rückflugmöglichkeit besteht. Wer gern auf den Mars auf Dauer umziehen will, bitte schön! Und wer dann später seine oder ihre Meinung ändert, könnte zumindest im Prinzip auf die Erde zurückkehren, auch wenn man unter Umständen bis zu zwei Jahren warten müsste, bis Mars und Erde wieder in einer guten Konstellation stehen.

Vater-Tochter-Gespräch: Gibt es Leben außerhalb der Erde?

Daran habe ich nicht den geringsten Zweifel. Leben tritt auf, sobald die Bedingungen dafür gegeben sind. Und das Universum ist so groß. Aber: Ob es Bewusstsein gibt, das ist noch einmal eine andere Stufe. Also ob sich das Leben so weit entwickelt hat, dass es über sich selbst und seine Umgebung nachdenken kann. Schon 2009 hat die NASA eine Sonde, »Kepler«, gestartet, die jetzt schon seit fast zehn Jahren immer neue exosolare Planeten findet. Früher oder später werden wir Planeten finden, die Leben zulassen, und es wird auch nur eine Frage der Zeit sein, bis wir wissen, dass Leben entstanden ist. Aber in welcher Art und wie weit es entwickelt ist, dazu vermag ich keine Einschätzung zu geben.

Das sehe ich genauso. Mir war schon sehr früh klar, dass es total unwahrscheinlich ist, dass wir die Einzigen im Universum sind. Das glaube ich auch weiterhin. Oft wird in Science Fiction außerirdisches Leben cleverer als wir Menschen dargestellt.

Also meist weiterentwickelt. Das mag so sein, muss es aber nicht. Außerdem finde ich es interessant, dass immer davon ausgegangen wird, wir könnten dieses andere Leben mit unseren Sinnen überhaupt wahrnehmen. Zumal wir schon hier auf der Erde eine sehr beschränkte Sinneswahrnehmung haben – selbst in der Tierwelt gibt es ganz andere Wahrnehmungsmöglichkeiten als bei uns Menschen. Ich weiß auch gar nicht, ob man davon ausgehen kann, dass eine andere Lebensform ebenfalls riechen, schmecken, hören, sehen kann, in der Weise, wie wir das tun. Vielleicht haben sie auch einfach komplett andere Sinne, auf die wir gar nicht kommen. Selbst wenn Bewusstsein da ist, kann es auch einfach sein, dass wir gar nicht in der Lage sein werden, miteinander Kontakt aufzunehmen, weil unsere Sprache und auch die nonverbale Kommunikation speziell auf uns Menschen abgestimmt sind. Ich bin mir absolut sicher, dass es Leben da draußen gibt, aber man sollte wohl nicht zwangsläufig davon ausgehen, dass es für uns auch erfahrbar ist.

Weltraumpolitik – Raum für Innovationen schaffen

 Europa hat einen eigenen Weltraumbahnhof, und zwar in Kourou, das liegt im südamerikanischen Übersee-Département Frankreichs, Französisch-Guyana. Von dort aus starten europäische Ariane-Raketen bereits seit 1979. Braucht Europa einen autonomen Zugang zum Weltraum? Also einen eigenen Weltraumbahnhof, von dem aus wir unsere Satelliten mit eigenen Raketen ins All bringen können? Vielleicht wollen wir sogar irgendwann eine eigene kleine, nur zeitweise besetzte Raumstation, einen sogenannten »human-tended free-flyer« in eine Erdumlaufbahn bringen?

Ich halte einen autonomen europäischen Zugang zum Weltraum für unverzichtbar, zumindest um Satelliten in den Weltraum zu bringen. Erdbeobachtungssatelliten ermöglichen es uns, die Erde besser zu verstehen. Sie liefern Daten über die Atmosphäre und Ozeane, die uns helfen, unsere Klimamodelle zu verbessern. Feuersatelliten überprüfen, wo es Waldbrände gibt. Unsere politischen Entscheidungsträger brauchen Zugang zu solchen Daten, um informierte Entscheidungen treffen zu können. Natürlich könnte man ähnliche Daten auch bei Dritten einkaufen, zum Beispiel in den USA, Russland oder China. Allerdings wären dies nicht die originalen Rohdaten, sondern bereits bearbeitete, interpretierte Datensätze. Es herrschte immer eine Unsicherheit, wie zuverlässig Informationen sind, die man aus Datensätzen von Dritten ableiten würde. Und in manchen kritischen Fällen ist es notwendig, dass man sich sein eigenes, genaueres Bild verschaffen kann. Das sieht man am Beispiel des kleinen Landes Malaysia. Mazlan Othman, eine malayische Astrophysikerin, war Chefin von UNOOSA (United Nations Office for Outer Space Affairs), als sie mir erzählte, wie Malaysia in einer echten Notsituation dringend eigene Satellitendaten benötigt hätte.

UNOOSA

Das Büro der Vereinten Nationen für Weltraumfragen in Wien dient der Förderung der internationalen Kooperation zur friedlichen Nutzung des Weltalls. Hier wird auch ein Register aller Flugobjekte geführt, die ins Weltall gelangen.

Malaysia wurde von riesigen Waldbränden heimgesucht, aber das genaue Ausmaß war nicht bekannt. Es gab zwar lokale Informationen über einzelne Brandherde hier und da, aber ein zusammenhängendes Bild konnte aus diesen Informationen nicht zusammengestellt werden. Es gab Einsatzkräfte, die das Feuer bekämpfen sollten, aber man konnte nicht sagen, wo sie am dringendsten gebraucht wurden. Ein entsprechender Satellit, der Malaysia regelmäßig überfliegt, hätte diese Daten liefern können. Natürlich hat Malaysia bei anderen Nationen um Hilfe nach entsprechenden Satelliteninformationen gebeten. Aber entweder diese Satelliten flogen nur in großen zeitlichen Abständen über das Land, oder es dauerte einfach, bis entsprechende Informationen bereitgestellt werden konnten. Denn die

Satelliten anderer Länder fliegen ja eben nicht nur über Malaysia. So kam es, dass die Brandbekämpfer teilweise sechs Stunden warten mussten, bis sie neues Bildmaterial bekamen. Das ist eine lange Zeit, wenn es brennt.

Die nationale Politik einzelner Staaten und Europa in seiner Gesamtheit haben also ein legitimes Interesse an eigenen Satellitendaten für bestimmte Zwecke. Eine andere Fragestellung ist, ob Europa in der Lage sein sollte, selbst Menschen in den Weltraum zu bringen, wie Amerika, Russland oder China. Wenn kommerzielle Firmen in naher Zukunft einen zuverlässigen Transport dorthin ermöglichen, dann bin ich geneigt zu sagen, wir müssen in Europa kein eigenes Transportsystem entwickeln. Auf der anderen Seite: Als die USA 2011 das Shuttleprogramm eingestellt haben, waren die Russen zunächst die Einzigen, die Astronauten und Kosmonauten zur Raumstation ISS schicken konnten. Im Englischen gibt es den Spruch: »Never put all your eggs in one basket« – zu Deutsch etwa: »Setze nicht alles auf eine Karte.« Aber in genau dieser Situation befinden wir uns mit der Internationalen Raumstation seit sieben Jahren. Eine europäische Transportmöglichkeit von Astronauten zur ISS hätte die Situation ungemein entspannt. Doch diese zu realisieren wäre eine echte Herausforderung. Ein Beispiel: Wenn ein Raketenstart in der Aufstiegsphase scheitert und die Kapsel mit der Crew im atlantischen Ozean gelandet ist, wer könnte diese Kapsel innerhalb von 24 Stunden bergen? Das wäre nur eine von vielen Aufgaben, die zu lösen sind. Und diese müssen nicht nur technischer, sie können auch logistischer Natur sein.

Eines ist allerdings beruhigend und wohltuend: Obwohl sich in der internationalen Politik der Ton zwischen Russland und den USA in letzter Zeit verschärft hat, merkt man das in der internationalen Raumfahrt überhaupt nicht. Weil viele Dinge eben nur in Zusammenarbeit mit anderen gemacht werden können.

Offenheit für andere ist ein guter Nährboden für die gemeinsame technologische Entwicklung, und damit für den Fortschritt der Menschheit als Ganzes. Bemerkenswert fand ich in den USA, wie fluide der Wissensaustausch dort stattfindet. Ich war gerade in Princeton angekommen, als mir das zum ersten Mal auffiel. Zwei Kollegen rieten mir, ich sollte bei einem bestimmten wissenschaftlichen Problem am besten Kirk Bryan fragen, weil er der Experte sei. Kirk Bryan, der ein paar Büros weiter saß, war eine Koryphäe für mich, ein Säulenheiliger der Ozeanforscher. Aber ich habe mir ein Herz gefasst und spontan bei ihm angeklopft. Bisher kannten wir uns nur flüchtig. »Kirk, ich habe eine Frage an dich.« – »Komm, setz dich«, sagte er. Und dann saßen Kirk und ich da, zwei Stunden lang, und er hielt einen Vortrag über Ozeane und Ozeanmodelle. Dass sich jemand im Job so flexibel so viel Zeit nimmt, war für mich neu, das kannte ich nicht. Tatsächlich ist diese Einstellung dort aber eher die Regel als die Ausnahme.

Das Wissen wird in den USA offen geteilt. Ein Kollege von mir, den ich sehr schätze, hatte eine bestimmte Rechenmethode entwickelt, die ich klasse fand. »Die würde ich gern auch auf mein Problem anwenden«, war mein spontaner Impuls. Er freute sich, dass seine Arbeit ebenso für mich hilfreich war. Auch in Deutschland hatte ich Erfahrungen dieser Art gemacht, als mir beispielsweise Christian Leinert vom Max Planck Institut für Astronomie bei meiner Diplomarbeit genauso spontan geholfen hatte wie später Kirk in Princeton, wofür ich sehr dankbar war. In den USA scheint diese Einstellung allerdings tiefer in der Kultur verwurzelt.

SpaceX-Chef Elon Musk, der ja noch andere Firmen gegründet hat, wie Paypal oder Tesla, lebt diese Offenheit sehr konsequent. Dieser Mann macht keine Patente, sondern sagt: »Ich will gern, dass andere benutzen, was wir entwickelt haben. Ich will, dass es uns alle weiterbringt.« Das schätze ich sehr.

So kommt es, dass der globale Raumfahrtmarkt in den kommenden Jahren wohl vom Silicon Valley ziemlich aufgerollt werden wird. In die Raumfahrt zu investieren scheint gerade ohnehin auch ein bisschen chic zu sein. Der neue Wettlauf ins All wird nicht mehr zwischen den USA und Russland geführt. Es sind die privaten Firmen, die in eine sich gegenseitig anregende Konkurrenz miteinander treten.

Fast 20 Milliarden US-Dollar sind in den vergangenen 15 Jahren in die kommerzielle Raumfahrt geflossen. Geldgeber sind neben Elon Musk noch 24 weitere Milliardäre, unter ihnen der reichste Mann der Welt, Amazon-Gründer Jeff Bezos. So wird Kalifornien jetzt nach Florida und Texas zu einem Epizentrum der Raumfahrt. Das führt zu teils amüsanten Situationen, beispielsweise wenn ein SpaceX-Raketenstart über Los Angeles UFO-Alarm auslöst, wie im Dezember 2017 geschehen. Enthusiastische Spekulationen im Internet wurden alsbald enttäuscht. Statt eines Alien-Raumschiffes hatte es sich lediglich um eine Falcon-9-Rakete gehandelt.

Da hat SpaceX mittlerweile ja noch ganz andere Sachen im Angebot. Die 70 Meter hohe Falcon Heavy beispielsweise, mit 1400 Tonnen Startgewicht. Die wirkt zwar schlank und bescheiden gegen die Mondrakete Saturn V, die 1969 Buzz Aldrin und Neil Armstrong auf den Erdtrabanten brachte. 111 Meter hoch und 2800 Tonnen schwer war die gewesen. Doch die Falcon Heavy war zumindest dazu gedacht, die Menschen weiterzubringen, als sie je zuvor gekommen sind: Nach einigen Testflügen zunächst ohne Besatzung eben möglicherweise auch zum Mars. Von genau derselben Startrampe wie die legendäre Mondrakete hob die Falcon Heavy im Februar 2018 erstmals ab. Ob sie tatsächlich für astronautische Flüge zum Mars eingesetzt wird, bleibt abzuwarten.

In den vergangenen Jahrzehnten musste Europa sich nicht verstecken. Die Ariane 5 gilt als zuverlässigste Rakete der Welt und war Weltmarktführer für den Satellitentransport. Außerdem beförderte die Ariane 5 den europäischen Raumfrachter ATV (Automated Transfer Vehicle) zur ISS. Sogar das prestigeträchtige James Webb Space Telescope von NASA, ESA und CSA (der kanadischen Raumfahrtagentur), Nachfolger des Hubble-Weltraumteleskops, soll bis 2020 mit der Ariane 5 starten. Die neue Ariane-6-Rakete, die gerade entwickelt wird, soll noch wirtschaftlicher werden als ihre Vorgängerin. Doch ob sie langfristig mit den US-amerikanischen, kommerziellen Anbietern mithalten kann, muss sich angesichts derer rasanter Entwicklung erst noch zeigen.

Die intelligenten Leute sitzen nicht nur bei ESA und NASA. Es gibt sehr viele gute Ideen, und im Rahmen der Flexibilität eines Privatunternehmens kommen möglicherweise auch Lösungen zustande, die wir bisher noch gar nicht in Betracht gezogen haben.

Der kommerzielle Sektor ist zumindest im astronautischen Bereich in Europa völlig unterentwickelt im Vergleich zu den USA. Die ESA hat schon vor zwei Jahrzehnten versucht, Firmen für die Beteiligung an Raumflügen zu gewinnen, bislang erfolglos. Umso erfreulicher ist es für die Raumfahrt in Deutschland und Europa, dass mit »Die Astronautin« zum ersten Mal eine private Firma versucht, eine deutsche Astronautin ins All zu schicken. Allein die Aufmerksamkeit, die diese Initiative in den Medien erzeugt, zeigt, wie sehr sich die Menschen für die astronautische und hier für die weibliche Seite der Raumfahrt interessieren. Keine Frage, »Die Astronautin« ist verglichen mit den anderen Playern in der Branche eine kleine Initiative. Doch sie kann zu einem ganz wesentlichen Schritt für die Zukunft in der Raumfahrt in Deutschland und Europa werden. Denn es wird normal werden, dass in Zukunft ESA im astronautischen Bereich nicht allein mit NASA oder ROSKOSMOS, also Regierungseinrichtungen, kooperiert, sondern auch mit dem kommerziellen Sektor. Nichts anderes hatte der ESA-Generaldirektor Jan Wörner im Sinn, als er das sogenannte »moon village« vorgeschlagen hat.

Moon village

Das Dorf auf dem Mond soll keine Ansammlung von Wohnhäusern um einen Kirchturm werden, sondern eine permanente, internationale Basis, wo Wissenschaftler aller Weltraumnationen gemeinsam forschen und gegebenenfalls auch Rohstoffe gewinnen können. So die Vision des ESA-Generaldirektors Johann-Dietrich »Jan« Wörner. Das »moon village« könnte ab 2030 als internationales Forschungszentrum im Weltraum der ISS nachfolgen, die nur noch bis 2024, maximal bis 2028 in Betrieb bleiben soll.

In den Medien ist die Initiative »Die Astronautin« mindestens genauso präsent wie die ESA mit ihren deutschen Astronauten. Ich halte das für eine große Chance, Raumfahrt in Deutschland positiv darzustellen. Das habe ich auch Jan Wörner und dem Vorstandsmitglied des DLR, Hansjörg Dittus, bei einer Begegnung am Rande der Landung von Thomas Pesquet 2017 gesagt: »Ist das nicht eine blendende Ausgangsituation? Nächstes Jahr, 2018, fliegt Alexander Gerst, wird sogar Kommandant der ISS. Dann könnte die Astronautin-Initiative, wenn alles gut geht, schon 2020 eine Frau ins All schicken. Und wieder zwei oder drei Jahre später könnte Matthias Maurer ins All fliegen, vielleicht sogar mit den Chinesen, wenn sich bis dahin die Kooperation mit China als tragfähig herausstellen sollte. Alexander Gerst als Kommandant auf der ISS zeigt, wie anerkannt die europäischen Raumfahrer und mit diesen auch die Raumfahrt im Allgemeinen bei unseren Partnern ist. Die erste deutsche Frau im All zeigt, wie in Zukunft private Unternehmen und staatliche Institutionen bei der Erforschung des Weltalls kooperieren können. Und ein möglicher Flug von Matthias mit den Chinesen kann zeigen, dass Europa sich für neue Partner in der Raumfahrt öffnet und die Zusammenarbeit jenseits des Bekannten und Vertrauten sucht.«

Wir können in Deutschland wirklich einen tollen Bogen spannen, wie institutionelle Raumfahrt und die private Raumfahrt zusammen daran arbeiten, das zukünftige Bild der Raumfahrt zu gestalten und, vielleicht sogar mit neuen Partnern, weiterzuentwickeln. Das finde ich eine außergewöhnliche Gelegenheit. Deswegen wünsche ich diesem Versuch wirklich allen Erfolg. Ich kann ihn aber aktiv nur sehr begrenzt unterstützen. Würde ich da jetzt massiv auftreten, würde es mir wohl als »Pro Insa«-Aktion ausgelegt werden. Selbst wenn ich dann sagte: Das ist nicht pro Insa, sondern pro Initiative, nähme mir das keiner ab.

Vater-Tochter-Gespräch: Stellen Asteroiden eine Gefahr für die Menschheit dar?

Ich glaube, wir stellen für uns selbst eine größere Gefahr dar. Ich glaube, wir sind schneller im Ausrotten als ein kleiner Asteroid, der an der Erde vorbeifliegt.

Ich hoffe, wir Menschen sind doch zu klug, als dass wir es zum Super-GAU kommen lassen. Natürlich gibt es im Weltall unzählige Gesteinsbrocken und damit immer wieder Zusammenstöße. Die hat es in der Vergangenheit mit der Erde gegeben und die wird es auch in Zukunft geben. Wenn wir Pech haben, vielleicht auch, bevor wir es verhindern können. Ob uns das in 100, 100.000 oder zehn Millionen Jahren das nächste Mal widerfährt, vermag ich nicht vorherzusagen. Was ich sagen kann: Ich würde keine speziellen Anstrengungen unternehmen, um diese Gefahr heute abzuwenden. Einfach weil wir im Laufe der Jahre und Jahrzehnte so viel technisches Wissen und Können in der Raumfahrt erlangen werden, dass wir die Gefahren aus dem All, die überhaupt behebbar sind, auch beheben können. Ohne dass wir heute schon wissen müssen, wie dies in einem ganz konkreten Fall dann auch im Einzelnen aussehen wird.

Ehrlich gesagt kenne ich nicht einmal die Größe, ab der ein Asteroid zur Gefahr für die Menschheit würde. Und was heißt in diesem Zusammenhang überhaupt Menschheit? Dass danach kein Mensch mehr auf der Erde lebt oder dass beispielsweise die Hälfte stirbt?

Ich erinnere mich noch an den Meteoriten, der am 15. Februar 2013 mit 72.000 Stundenkilometern über der Erde zersplitterte. Dieser war nur 20 Meter groß und zwischen zwölf und 14 Tonnen schwer, verletzte aber besonders im russischen Tscheljabinsk rund 1200 Menschen und beschädigte fast 5000 Gebäude.

Übrigens: Wenn man sich gegen durch Meteoriten verursachte Schäden versichern möchte, muss man beim Abschluss des Vertrags darauf achten, dass »unbekannte Gefahren« mit eingeschlossen sind.

Das Crew Patch der Shuttle Radar Topography Mission STS-99. Die Sterne symbolisieren unsere Zukunft und stehen für die Kinder der Astronauten. (Bild: NASA)

Das vorläufige Patch für die geplante Wissenschaftsmission der ersten deutschen Astronautin zur Raumstation im Jahr 2020. (Bild: Astronautin GmbH)

Das Crew Patch der D-2-Mission. Im Namensrand sind zwei Sterne, die für die Backups Renate Brümmer (rechts) und Gerhard Thiele (links) stehen. Wie später bei der Shuttle Radar Topography Mission symbolisieren die Sterne im Patch die Kinder der Astronauten. (Bild: NASA)

Trainingsflug in
einer Cessna 172
im Juli 2018.
(Bild: Bernd Willscheid)

Einführung in die
Sojuskapsel beim
ersten Training im
Sternenstädtchen
in Russland im
August 2017.
(Bild: Tim Kappelmann)

Gerhard Thiele bereitet sich auf eine Trainingseinheit für einen möglichen Außenbordeinsatz (EVA, Extra Vehicular Activity) im Neutral Buoyancy Laboratory (NBL) der NASA vor. (Bild: NASA)

Janet Kavandi und Gerhard Thiele bei einer Trainingspause für die Shuttle Radar Topography Mission. (Bild: NASA)

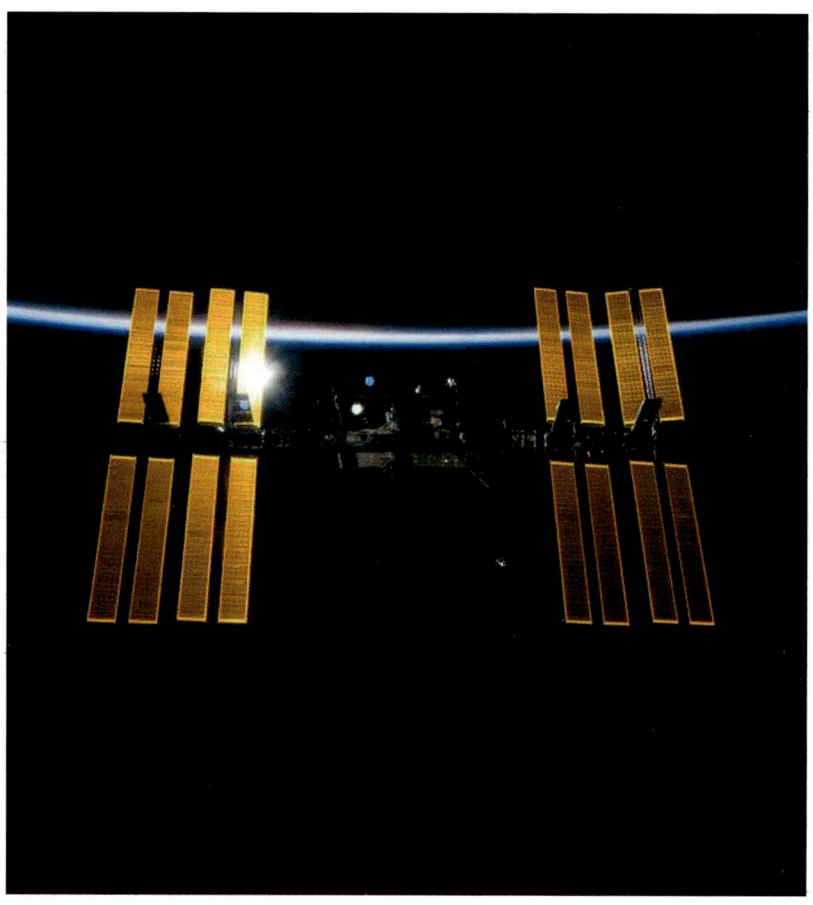

Die Internationale Raumstation (ISS), aufgenommen von Bord der Discovery nach Verlassen der Station während STS-119. (Bild: NASA)

Die Andromedagalaxie M31 ist die einzige Galaxie, die man am Nachthimmel mit bloßem Auge direkt unterhalb des Sternbilds der Kassiopeia erkennen kann. (Bild: ESA/Hubble & NASA)

Die Crew von STS-107. In den roten Poloshirts (von links): Kalpana Chawla, Rick Husband, Laurel Clark, Ilan Ramon. In den blauen Shirts (von links): David Brown, Willie McCool, Mike Anderson. Am 1. Februar 2003 brach die Columbia beim Wiedereintritt in die Erdatmosphäre auseinander. (Bild: NASA)

Das europäische Columbusmodul ist ein wesentlicher Baustein der ISS. Es wurde von den beiden ESA-Astronauten Hans Schlegel (Deutschland) und Léopold Eyharts (Frankreich) im Rahmen der STS-122-Mission im Februar 2008 mit der Raumfähre Atlantis ins All gebracht. (Bild: NASA)

Die Cupola ist ein beliebter Aufenthaltsort der Astronauten auf der ISS. Sie ermöglicht einen fast uneingeschränkten Rundblick auf die Erde. (Bild: NASA)

Am 11. Februar 2000 startete die Raumfähre Endeavour zu ihrem 14. Flug ins All. Ziel der Shuttle Radar Topography Mission war die (fast komplette) Neuvermessung der festen Erdoberfläche. (Bild: NASA)

Völlig losgelöst: Gerhard Thiele genießt die Schwerelosigkeit während der Shuttle Radar Topography Mission. Vor ihm schwebt ein Model der Raumfähre Endeavour mit dem 60 Meter langen Ausleger. (Bild: NASA)

8

Forschen im All

Der Körper in der Schwerelosigkeit

 Im Rahmen unserer Mission für »Die Astronautin« möchten wir in der Schwerelosigkeit vorrangig wissenschaftliche Experimente durchführen. Welche das genau sein werden, ist noch nicht definiert. Besonders interessant und noch wenig erforscht ist momentan der Bereich der weiblichen Humanphysiologie im All: Wie verhält sich beziehungsweise wie reagiert der Körper einer Frau in der Schwerelosigkeit? Einige Erkenntnisse dazu findet man schon bei der NASA. Allerdings empfehlen deren Arbeitsgruppen dringend, mehr weibliche Astronauten ins All zu schicken, um die noch dünne Datenlage aufzustocken. In Deutschland liegen kaum Daten zu unterschiedlichen körperlichen Reaktionen der Geschlechter im All vor, weil diese aus Datenschutzgründen von anderen Ländern nicht geteilt werden.

Wichtige Erkenntnisse, die die NASA schon in Zusammenarbeit mit dem National Space Biomedical Research Institute (NSBRI) gesammelt hat und öffentlich auf ihren Seiten zur Verfügung stellt, sind:

- Unterschiedliche Stressreaktion: Bei Frauen steigt charakteristischerweise der Puls, während sich bei Männern der Gefäßwiderstand und somit der Blutdruck erhöht.
- Hoher Blutdruck im Kopfbereich: Was zu Sehbeeinträchtigungen durch anatomische Veränderungen der Augen führen kann, wurde derzeit ansatzweise bei beiden Geschlechtern beobachtet, allerdings betrafen die klinisch signifikanten, also ausgeprägten Fälle, bisher ausschließlich Männer.
- Verringertes Blutplasma-Volumen: Bei Frauen geht es während eines Weltraumfluges schneller zurück als bei Männern.
- Veränderungen des Immunsystems: Diese treten bei beiden Geschlechtern in gleicher Weise auf. Ein interessanter Aspekt, der künftig erforscht werden soll, besteht allerdings darin, wie sich das weibliche Immunsystem möglicherweise auf mehrjährigen Missionen, beispielsweise zum Mars, verändern könnte. Auf der Erde reagiert das Immunsystem von Frauen im fortpflanzungsfähigen Alter stärker auf Viren und Bakterien, sodass sie besser vor Infektionen geschützt sind. Allerdings zu dem Preis, dass Frauen auch anfälliger für Autoimmunerkrankungen sind, bei denen der Körper Teile seiner selbst angreift. Ob sich diese Tendenz in der Schwerelosigkeit verändert, soll beobachtet werden.
- Schlechteres Gehör: Bei Männern schreitet der Verlust schneller voran als bei Frauen im All, vor allem mit zunehmendem Alter.
- Höhere Anfälligkeit für strahleninduzierte Krebserkrankungen: Weil diese bei Frauen häufiger auftraten als bei ihren männlichen Kollegen, gelten für sie niedrigere Strahlengrenzwerte als für Männer.
- Space Motion Sickness (SMS): In Reaktion auf die annähernde Schwerelosigkeit auf der ISS leiden weibliche Astronauten ein bisschen öfter an dieser Weltraum-Reisekrankheit als ihre männlichen Kollegen. Bei der Rückkehr zur Erde dreht sich dieser Effekt um, und die Männer leiden häufiger darunter. Allerdings sind diese Unterschiede bisher noch nicht statistisch signifikant, vor allem weil sie bei zu wenigen Astronauten beiderlei Geschlechts systematisch wissenschaftlich beobachtet wurden.

- Reaktionen von Muskeln und Skelett: Diese sind individuell sehr verschieden, ein geschlechtsbasierter Unterschied wurde allerdings nicht beobachtet.
- Harnwegsinfektionen: Sie treten bei Frauen im All, wie auch auf der Erde, aufgrund der kürzeren Harnröhre häufiger auf als bei Männern. Auch im Weltraum konnten sie erfolgreich mit Antibiotika behandelt werden.
- Keinerlei Hinweise gibt es auf Unterschiede bezüglich der psychologischen Reaktion auf den Weltraumflug. Auch die Schlafqualität und die Stressverarbeitung beider Geschlechter unterscheiden sich nicht. Hier muss man allerdings sehen, dass bei der Astronautenauswahl ja auch bewusst nach robusten Charakteren gesucht wird – erfolgreich, wie sich zeigt.

Ziel der NASA ist es, Astronaut*innen eine Art personalisierte, also individuell auf sie zugeschnittene Medizin anzubieten – insbesondere wenn sie länger im Weltraum bleiben. Bei Langzeitmissionen gibt es immer einen Arzt, der sich rund um die Mission um eine Astronautin oder einen Astronauten kümmert. Man steht im häufigen Kontakt, bespricht gesundheitliche Aspekte und führt medizinische Tests durch. Dabei befindet sich der Arzt am Boden und gibt Anweisungen. Sollten Gesundheitsprobleme im All auftreten, helfen Rehabilitationsmaßnahmen zu Hause auf der Erde, den normalen Gesundheitszustand wiederherzustellen.

Die Strahlenbelastung auf der Raumstation ist zehnmal höher als auf der Erde, zumal sie unseren Planeten in 330 bis 435 Kilometer Höhe umkreist. Das Magnetfeld der Erde und unsere Atmosphäre schützen uns ja normalerweise davor. Dass eine hohe Strahlenbelastung mein Krebsrisiko erhöhen oder zu Nervenschäden führen könnte, macht mir aber keine Sorgen. Bei einer zweiwöchigen Mission, wie wir sie anstreben, ist die Gesamtdosis ja deutlich harmloser als bei einer sechs-, zwölf- oder gar 30-monatigen Mission, wie es in Zukunft zum Mars der Fall wäre. Außerdem sitzt die ISS ja noch gerade so innerhalb des Erdmagnetfelds. Weitaus höher wird die Strahlenbelastung für diejenigen sein, die eben eine Reise zum Mars antreten.

EIN JAHR IM WELTALL

Die Langzeiteffekte der Schwerelosigkeit untersuchte unter anderem die »A year in space«-Mission von März 2015 bis März 2016. Der US-Astronaut Scott Kelly und der russische Kosmonaut Mikhail Kornienko haben dazu gemeinsam auf der ISS geforscht. Ein Jahr lang, also doppelt so lange, wie typische Missionen dort. Dabei ging es um medizinische und psychologische Aspekte – welchen Herausforderungen muss sich der Mensch stellen, wenn er länger im All bleibt? Themen wie Muskelschwund sind bekannt. Doch was ist beispielsweise mit den Effekten der relativen Isolation beziehungsweise der beengten Unterbringung und dem Stress, der aus dieser außergewöhnlichen Situation entstehen kann? Ängste, Depressionen und psychosomatische Symptome wurden bereits bei anderen Astronauten beobachtet, die länger im All blieben, obgleich sie wegen ihrer Resilienz und emotionalen Stabilität ausgewählt wurden. Scott Kelly berichtete im Nachgang davon, wie ihn das Gefühl belastet hatte, von Freunden und Familie getrennt zu sein und ihnen im Notfall nicht helfen zu können. Zudem empfand er das Korsett des täglichen strikten Zeitplans über so einen langen Zeitraum als schwierig. Diese Ein-Jahres-Mission gilt als Vorbereitung für die Reise von Menschen zum Mars. Eine solche Mission wird etwa 30 Monate dauern, deshalb versucht man, biomedizinische Risiken im Vorfeld zu erkennen und möglichst gering zu halten.

Im Weltall blieb übrigens Scott Kellys Stresshormon Cortisol auf einem normalen Level. Bei den meisten Astronauten ist es erhöht, was über einen längeren Zeitraum das Immunsystem schwächt und anfälliger für Infektionskrankheiten macht. Deshalb wird die Luftqualität auf der Raumstation rund um die Uhr von der NASA überprüft – natürlich auch, um auszuschließen, dass Gase wie Formaldehyd, Ammoniak oder Kohlenmonoxid die Astronauten bedrohen. Anhand von Urin- und Blutproben wird außerdem sichergestellt, dass im Körper schlummernde Viren wie das Epstein-Barr-Virus durch die Aufregung des Fluges nicht reaktiviert wurden. Für den Fall der Fälle gibt es an Bord Medikamente.

Pro Monat im All verlieren Astronauten etwa ein Prozent ihrer Knochenmasse. Aber durch Training kann man den gefürchteten Schwund auch über einen längeren Zeitraum deutlich verlangsamen. Körperliche Aktivität regt beispielsweise auch ein Hormon an, das den Aufbau von Knochen- und Muskelaufbau fördert. Bei Frauen – wie bei der ESA-Astronautin Samantha Cristoforetti, die bisher knapp 200 Tage auf der Raumstation war – hilft die in Verhütungsmitteln enthaltene Extraportion Östrogen, den Schwund der Knochendichte zu verlangsamen. Gleichzeitig lässt sich damit der Zyklus in diesem Zeitraum bewusst steuern. Verlorene Knochenmasse kann übrigens zurück auf der Erde durch eine Mischung aus Ausdauer- und Krafttraining wieder aufgebaut werden.

 Die nachhaltigste Reaktion, die mein Körper auf den Raumflug hatte, war nach meiner Rückkehr bestimmt eine Woche lang massiver Muskelkater in den Waden, was schlicht bedeutete, dass ich meine Beinmuskulatur überstrapaziert hatte, bei dem Versuch, das Gleichgewicht zu halten. Ich bin zwar bei meiner Rückkehr nicht getorkelt, hatte aber, ohne es zu merken, mit den Beinen wohl deutlich mehr Kraft als normalerweise aufgewendet, um das Gleichgewicht zu halten. Zurück auf der Erde muss das Gleichgewichtsorgan im Innenohr erst einmal wieder angeschaltet werden. Deshalb ist es in den ersten Stunden sehr schwierig, beispielsweise eine Kurve zu gehen.

Ich habe es trotzdem geschafft, mit ganz viel Konzentration. Klaus, mein Flugmediziner, der mich nach der Landung untersucht hatte, lief im Eilschritt einen langen Gang vor mir entlang, bog dann schlagartig rechts in das Untersuchungszimmer ab und drehte sich um, in der Erwartung, dass ich einfach an der Tür vorbeigegangen sei – weil ich die Kurve nicht bekomme. Er war völlig verdutzt, als ich dennoch direkt vor ihm im Zimmer stand. »Wo kommst du denn her?«, fragte er. »Du hättest eigentlich gar nicht die Kurve kriegen dürfen.« – »Die Untersuchungszimmer waren ja alle auf der rechten Seite«, antwortete ich. »Und es war nur eine Tür offen.« Deswegen war von Anfang an klar, dass Klaus nur in dieses Zimmer hineingehen konnte. Und so konzentrierte ich mich während des ganzes Weges durch diesen Korridor auf diese Tür: »Du gehst da rein, du gehst da rein.« Und so habe ich es tatsächlich geschafft.

Diese Gleichgewichtsstörungen sind allerdings auch recht schnell wieder vorbei. Am vierten Tag nach der Landung darf man schon wieder Auto fahren. Der Körper gewöhnt sich sehr schnell um. Wir waren ja auch nur elf Tage im All. Meine sehr laienhafte Einschätzung – ich bin ja kein Mediziner – lautet: Solange, wie man im All gewesen ist, solange braucht man, bis man unten wieder angekommen ist. »Angekommen« im Sinne von »sich wieder wohlfühlen«. Wer also ein halbes Jahr lang oben gewesen ist, der braucht auch etwa ein halbes Jahr, bis das meiste wieder einigermaßen im Lot ist.

Normalerweise sagt man, dass im Weltall die Muskulatur abgebaut wird. Mit dem richtigen Trainingsprogramm kann man dem allerdings sehr effektiv entgegenwirken. Alexander Gerst hat erzählt, er hätte nach seiner letzten Mission drei Kilogramm Muskeln zugelegt. Das Training für die Langzeit-Astronauten auf der ISS ist ja auch rigoros und beträgt etwa zwei Stunden pro Tag. Hier unten ist es ja so: Ein Astronaut soll zwar auch auf der Erde fit sein, aber bei den vielen Anforderungen, die man hat, fällt vielleicht der Sport als Erstes von der To-do-Liste. Bei der ESA haben wir tatsächlich bei mehreren Astronauten beobachtet, dass sie muskulär und kraftmäßig in einem besseren Zustand zurückgekommen sind als bei ihrem Abflug.

Warum sind Astronauten überhaupt schwerelos?

Manchmal verbergen sich hinter den naivsten Fragen Dinge, die scheinbar einleuchtend, doch in einfachen Worten nicht so leicht zu erklären sind. Oft stehen uns dabei unsere alltäglichen Erfahrungen im Weg. Und auch unser Sprachgebrauch. »Warum ist der Astronaut schwerelos?«, ist eine solche Frage. Vor Kurzem stellte ich sie zwei Kolle-

gen, die ich schon seit dreißig Jahren kenne und die mir bei meinen Versuchen geholfen haben, das kleine Einmaleins des Astronautenseins zu erlernen. Die Antwort kam von beiden gleichzeitig wie aus der Pistole geschossen: »Weil er in einem Schwerefeld frei fällt.« Jeder Physikprofessor hätte beiden für diese Antwort eine Eins mit Sternchen gegeben, kürzer und besser kann man es nicht sagen. Nur ich war mit der Antwort nicht zufrieden. Ich stellte mir meine Mutter vor, eine einfache Frau mit gesundem Menschenverstand. Verstanden hätte sie bei dieser Antwort: nichts. Ich hakte bei meinen Kollegen nach. »Wieso fallen? Der fällt doch gar nicht nach unten!«, wandte ich ein. »Das liegt daran, dass er eine so große Geschwindigkeit zur Seite hat, dass er um die Erde herumfällt. Immer wenn er ein Stückchen gefallen ist, hat er sich gerade so viel zur Seite bewegt, dass er wieder so weit weg ist von der Erde wie eben, dann fällt er wieder ein Stückchen, bewegt sich zur Seite und so weiter, und so fällt er schließlich um die Erde herum.« Jetzt bin ich an dem Punkt, an dem ich sein wollte, und hole zum finalen Schlag aus: »Okay, dann machen wir einmal ein Gedankenexperiment. Stellen wir uns vor, es gäbe ein geheimnisvolles Etwas, was die Raumstation anhält, genau dann, wenn sie über Köln fliegt. Jetzt fliegt die Raumstation gar nicht mehr schnell, sondern sie steht still, direkt über Köln. Und das geheimnisvolle Etwas lässt die Raumstation ganz sanft los. Die Astronauten hätten gar nicht gemerkt, was dieses geheimnisvolle Etwas mit der Raumstation gemacht hat. Sind die Astronauten immer noch schwerelos?«

Das Schöne an Gedankenexperimenten ist ja, dass sie nur in unserer Vorstellung ablaufen, dass man sie gar nicht machen muss und fast nie wirklich machen kann. Aber sie eignen sich hervorragend dazu, zu überprüfen, inwieweit man etwas wirklich verstanden hat – oder sie erlauben, einen komplizierten Sachverhalt zu deuten.

»Na klar sind die schwerelos!« – »Nein, die sind nicht mehr schwerelos.« Und sofort war die schönste Diskussion im Gange zwischen den beiden. So einfach ist es also mit der Erklärung wohl nicht. Übrigens: Die Astronauten wären noch schwerelos.

Aber fragen wir einfach andersherum. Warum sind wir überhaupt schwer? Ja, weil die Erde uns anzieht! Doch diese Erklärung reicht nicht.

Die Erde zieht auch die Astronautin auf der Raumstation an, doch sie berichtet uns, dass sie schwerelos ist. Wir machen noch einmal ein Gedankenexperiment: Wir stellen uns ein komplett leeres Weltall vor, in dem es keine Sterne gibt, keine Sonne und keine Erde, nur einen Astronauten. (Wir fragen uns nicht, wie der da hingekommen sein soll, quasi aus dem Nichts, es ist ja ein Gedankenexperiment, und vorstellen darf man sich vieles.) Es ist wohl ganz offensichtlich, dass der Astronaut schwerelos ist. Woher soll er schwer sein, es ist ja außer ihm nichts da. Jetzt platzieren wir in einer großen Entfernung eine schöne blaue Kugel in das Weltall, unsere Erde. Und fragen den Astronauten, was er sieht und fühlt. »Ich sehe die Erde, aber ich fühle nichts.« Der Astronaut kann das Schwerefeld der Erde nicht fühlen.

Niemand Geringerer als Albert Einstein hat dies als Erster formuliert. Einstein arbeitete im Patentamt in Zürich, dort gab es den Kollegen Michele Besso, der einer der besten Freunde Einsteins werden sollte. Einstein sagte über ihn, dass er nur einen Menschen kenne, der noch naivere Fragen stelle als er selbst: Michele. Sie diskutierten viel über Raum und Zeit und Gravitation, und auf dem Nachhauseweg versuchte Einstein, Antworten auf die Fragen zu finden, die Michele gestellt hatte. Als Einstein an einem Hochhaus vorbeikam, erkannte er: Wenn jetzt ein Mann am Rand des Daches stünde und einen Schritt nach vorn machen würde, dann würde er auf die Straße fallen, aber die Schwerkraft würde er nicht fühlen. Nur an den Häusern in der Umgebung würde er merken, dass er auf die Straße hinabfällt. Einstein bezeichnete einmal selbst diese Erkenntnis, dass man ein Schwerefeld nicht fühlen kann, als einen der glücklichsten Augenblicke seines Forscherlebens.

Aber was würde unser Astronaut berichten, wenn er das Schwerefeld der Erde nicht fühlen kann? Er würde bemerken, dass sich der Abstand zwischen ihm und der Erde zuerst langsam, dann immer schneller verringert, und sagen: »Die Erde bewegt sich auf mich zu«, wenn er sich als Referenz für die Bewegung ansieht. Wenn er die Erde als Referenz betrachtet, würde er sagen: »Ich bewege mich auf die Erde zu.« Er würde kaum sagen, dass er auf die Erde fallen würde. Fallen impliziert immer eine Richtung, nämlich unten. Für den Astronauten gibt es kein Oben und kein Unten, höchstens dann, wenn er sagt: »Oben ist da, wo mein Kopf ist, und unten da, wo die Beine sind.« Auf der Erde ist das anders: Das Butterbrot fällt vom Küchentisch immer nach unten auf den Boden (ganz abgesehen davon, dass es immer auf die buttrige Seite fällt). Es fällt nie nach oben an die Decke.

Bisher haben wir noch nicht beantwortet, woher unsere Schwere kommt. Wenn die Erde keine Oberfläche hätte, dann würde sich der Astronaut immer weiter in Richtung des Erdmittelpunktes bewegen. Die Oberfläche der Erde hält ihn jedoch fest und verhindert, dass er weiter zum Erdmittelpunkt kommt. Und das fühlen wir. Wenn wir stehen, spüren wir den Druck auf unseren Fußsohlen. Wenn wir im Bett liegen, dann spüren wir den Druck der Matratze am Rücken, am Po und an den Beinen. Wenn wir auf einem Stuhl sitzen, spüren wir unseren Po und die Oberschenkel. Wenn allerdings der letzte Absacker einer zu viel war, dann hat das nichts mit der Schwerkraft der Erde zu tun. Der entscheidende Punkt ist: Wir sind dann und nur dann schwer, wenn wir eine Kraft fühlen. Diese Kraft verhindert, dass wir uns Richtung Erdmittelpunkt bewegen. Wer im Schwimmbad von einem Sprungbrett springt, spürt keine Kraft – allenfalls ein bisschen Luftwiderstand, den wir hier außer Acht lassen –, deswegen ist dieser Mensch schwerelos. So lange, bis er unten aufs Wasser aufkommt.

Ist es nicht bemerkenswert, dass es auch in den Naturwissenschaften auf das Fühlen ankommt? Das gilt übrigens nicht allein bei Schwerefeldern. Der Wissenschaftler muss ein Gefühl, ein Gespür für seine Daten haben, muss wissen, wie sie entstanden und bearbeitet worden sind, um die Informationen herauszufiltern, die in den Daten tatsächlich enthalten sind. Doch das ist eine ganz andere Geschichte.

Die häufigste Frage, die mir gestellt wird, ist: »Wie fühlt sich die Schwerelosigkeit an?« Ich antworte dann mit einem leicht gefälschten Zitat von Milan Kundera: »Wie die unbeschwerte Leichtigkeit des Seins.« In der Frage und in der Antwort steckt vielleicht mehr physikalische Wahrheit für die Schwerelosigkeit als in den Erklärungen, die ich oft höre – und selbst oft gegeben habe. Das Entscheidende liegt in dem Wort »fühlen«.

 Das Gefühl der Schwerelosigkeit, wie ich es bei unserem Parabelflugtraining erlebt habe, ist einfach der Wahnsinn. Allerdings sind dabei die häufigen Übergänge vom Normalflug in den steilen Anstieg und das Abfangen des steilen Absturzes in den Normalflug sehr anstrengend für den Körper. Das gibt es ja in dieser Form bei einem Raumflug nicht. Da stellt man sich nur einmal um auf Schwerelosigkeit. Bei Parabelflügen kann es sein, dass man 60 Parabeln an einem Tag fliegt – das sind sehr viele Wechsel in sehr kurzer Zeit.

Die körperliche Reaktion beim Parabelflug scheint auch nicht 1:1 auf die Befindlichkeit im Weltraum übertragbar zu sein. Es gibt Menschen, die sich beim Parabelflug konstant übergeben und auf der Raumstation überhaupt keine Probleme haben – und umgekehrt. Die meisten Astronauten haben anfangs im All ein paar Anpassungsschwierigkeiten, aber nach ein paar Stunden oder Tagen keine Probleme mehr. So sehr die Parabelflüge also auf das Gefühl der Schwerelosigkeit vorbereiten können, ein Indiz für das Auftreten oder Ausbleiben von Anpassungsstörungen sind sie nicht.

Wie warm ist es auf der Raumstation?

 In meiner Diplomarbeit habe ich mich wissenschaftlich mit den Auswirkungen thermophysiologischer Belastung beschäftigt: Wie verhält sich der Körper unter bestimmten Wetterbedingungen? Dabei ging es vorrangig um die sogenannte »gefühlte Temperatur«. Manchmal geht man ja raus, und es sind 20 Grad, aber es fühlt sich an wie 26, weil kein Wind weht, die Sonne scheint und keine Wolke am Himmel steht. Ist dieser jedoch bei 20 Grad wolkenverhangen, und es weht ein starker Wind, dann fühlt sich das vielleicht eher an wie 16 Grad. Somit ist die ge-

fühlte Temperatur für uns im Alltag sehr viel interessanter als die eigentliche. Es interessiert ja weniger, was genau auf dem Thermometer steht, als die Frage, ob ich eine Jacke anziehen muss. Zu diesem Zusammen- und Wechselspiel von Temperatur, Wind, Wolken und Feuchte habe ich geforscht – auch, wie sich das im Zuge des Klimawandels bemerkbar macht.

Für die Auswirkungen des Wetters auf den menschlichen Energiehaushalt gibt es den sogenannten »Klima-Michel«. Das ist das Modell eines 35-jährigen, 70 Kilogramm schweren Mannes zur Bewertung der thermischen Umgebungsbedingungen. Allerdings kann die gefühlte Temperatur durch viele Faktoren abweichen: Sie ändert sich mit dem Alter, Geschlecht, Gewicht, dem Maß an Bewegung und wie fit man generell ist. Die Durchblutung von Frauen und Männern unterscheidet sich. Ich selbst neige zu kalten Händen – im Weltraum nimmt die Durchblutung der äußeren Gliedmaßen dann auch noch ab. Aber auf der Raumstation ist es in der Regel warm, rund 24 °C, deswegen ist das unerheblich. Die meisten haben dort ohnehin Shorts und T-Shirts an, weil die Geräte so viel Wärme abstrahlen.

Weil die Schwerkraft fehlt, wird die Wärme auch nicht von allein abtransportiert, das geschieht aktiv über Temperaturregulationssysteme. Heiße Luft steigt dort ja nicht nach oben wie bei uns auf der Erde. Dieses Phänomen wird ja durch die Schwerkraft bedingt. Weil sich warme Luft ausdehnt und dadurch weniger dicht wird, steigt sie nach oben, während kühlere Luft nach unten sinkt.

Die ISS muss nach innen die eklatanten Temperaturunterschiede von außen ausgleichen. Die Seite, die zur Sonne gerichtet ist, hält dort etwa 120 °C und mehr von den Insassen ab, die sonnenabwandte Seite gleicht etwa kalte -160 °C aus. Ohne thermische Kontrollsysteme wäre die Wohlfühlzone auf der ISS wohl ziemlich schmal. Deshalb sind ihre Wände zum einen hervorragend isoliert, mit einer stark reflektierenden Schicht aus spezieller aluminisierter Polyesterfolie – ähnlich wie die dünnen, metallisch aussehenden Rettungsdecken, die man zum Bergsteigen und Campen mitnimmt. Diese Isolation hält auch einen großen Teil der Strahlung aus dem All ab. Die sich aufstauende Hitze innerhalb der Station hingegen wird durch ein Kühlsystem aktiv nach außen transportiert und über eine wabenförmige »Heizung« ins Weltall abgegeben.

Kollisionsgefahr durch Weltraumschrott

 Ein Problem, für das wir alle zusammen Lösungen finden müssen, ist der sogenannte Weltraumschrott: Kaputte Satelliten, ausgebrannte Raketenstufen, verlorenes Werkzeug, das rund um die Erde im Orbit treibt. Geschätzte 8000 Tonnen fliegen dort mit einer Geschwindigkeit von mehreren Tausend Kilometern pro Stunde umher. Weil sie so schnell sind, stellen sogar kleinste Partikel eine Gefahr dar. So hat eine metallene Kugel mit einem Zentimeter Durchmesser beim Aufprall etwa die Energie eines Mittelklassewagens, der mit 50 km/h in die Wand fährt.

Bisher gab es noch keine nennenswerten Kollisionen der Raumstation mit Weltraumschrott, aber er stellt für sie eine ernst zu nehmende Gefahr dar. Deshalb gibt es einen sogenannten »Safety-Korridor«. Das ist ein gedachter Zylinder mit einem Radius von fünf Kilometern rund um die ISS. Wenn dort ein Teil durchfliegt oder ein solches Kreuzen vorhergesagt wird, dann geht die Crew in die Sojus-Kapseln. Ob sie schlafen oder nicht. Würde die Station tatsächlich so getroffen, dass der Schaden nicht mehr zu beheben wäre, dann müsste die Crew die Station aufgeben und zurück zur Erde fliegen. Dann ist es natürlich gut, wenn alle schon in den Rettungsbooten sitzen und sich nicht erst nach der Kollision auf den Weg dorthin machen. Es könnte ja sein, dass genau auf dem Weg zur Kapsel das Leck besteht. Wie das dann genau aussehen würde, weiß kein Mensch.

Als ich Leiter des Astronautenbüros (EAC) in Köln war, war ich Teil der Alarmkette bei Weltraumschrott. Das gesamte Management wird verständigt, wenn die Crew vorsichtshalber in die Sojus-Kapseln geht. Fünf Jahre lang war ich am EAC tätig und habe in dieser Zeit etwa dreimal nachts einen Anruf bekommen: Wir haben die ISS-Crew in die Sojus-Kapseln geschickt. Zum Glück ist nie etwas passiert. Ab und zu hebt die Station ihre Bahn an, wenn etwas auf sie zukommt. In den Zeitungen steht dann immer: Sie ist »ausgewichen«, wobei man dann denkt, das sieht so ähnlich aus, wie wenn ein Radfahrer einem Fußgänger ausweicht. So funktioniert ein Ausweichmanöver der ISS aber nicht. Wenn man rechtzeitig weiß, dass man auf Kollisionskurs ist, kann man die Bahn anheben oder absenken. Absenken macht man nicht so gern. Die Station senkt sich ja bereits von allein ab, zwar ganz langsam, aber man muss etwas tun, um sie wieder anzuheben – und das kostet Geld. Denn um die Station anzuheben, schickt man Versorgungsschiffe hoch. Die docken am russischen Ende der Station an. Wenn das Versorgungsschiff seine Triebwerke zündet, erhält die Station dadurch einen Impuls. Die Geschwindigkeit wird erhöht, dadurch hebt sich ihre Bahn ganz langsam an.

9

Astronauten:
arbeiten im Team

Team Astronautin

 Als Astronautin ist man eigentlich nie ganz auf sich allein gestellt, zumindest nicht geplant. Es gibt immer ein riesiges Team im Hintergrund, das die Rakete baut und sie startet, die Mission plant und begleitet. Völlig allein muss man nur selten eine Entscheidung treffen. Das mag einschränkend und bevormundend klingen, bei so etwas Wichtigem und Großem wie einer Weltraummission gibt aber dieser Rahmen ein Gefühl der Sicherheit. Viele Köpfe haben mehr gute Ideen als einer allein. Das merkt man auch schon auf der Erde.

Ich tausche mich viel mit Suzanna Randall aus, die offiziell seit Februar 2018 mit mir für die Initiative »Die Astronautin« an Bord ist. Das schaffen wir nicht ganz regelmäßig, weil wir beide viel um die Ohren haben. Aber bei gemeinsamen Veranstaltungen oder Reisen verbringen wir dann umso intensiver Zeit miteinander. Auf den Fahrten kommen wir meist dazu, uns zu unterhalten und uns über das Erlebte auszutauschen. Es prasseln ja viele neue Eindrücke auf uns ein. Es gibt die fachlichen Herausforderungen durch die Ausbildung, die strategische Projektentwicklung, bei der uns Astronautinnen ein Mitspracherecht eingeräumt wird, und die im ersten Kapitel beschriebene mediale Aufmerksamkeit. Da gibt es also eine Menge für uns zu verarbeiten.

Suzanna hatte auch schon als Kind diese Affinität zu den Sternen. Sie hat damals gern den Mond angeschaut. Irgendwann sah sie in einer Zeitung ein Bild vom Phobos, einem der Marsmonde. Da wurde ihr klar: Es gibt auch etwas außerhalb unserer Erde, und wir können gegebenenfalls sogar dort hinreisen.

Sie ist dann auch schon früh sehr viel herumgekommen. Bei uns um die Ecke in Köln geboren, in London Astronomie studiert und im kanadischen Montreal über Astrophysik promoviert. Suzanna, 1979 geboren, wurde Anfang der 80er-Jahre von Sally Ride inspiriert, der ersten US-Amerikanerin im Weltall, die übrigens auch Astrophysikerin war. Suzanna fand, dass sie ihr ein bisschen ähnlich sah, und so stand für sie als Kind fest: Diese Frau macht das, also kann ich das auch. Genau so einen Impuls hoffen wir, nun auch an die neue Generation weiterzugeben.

Suzanna arbeitet an der Europäischen Südsternwarte in Garching bei München. Das ist die führende europäische Organisation für astronomische Forschung und das wissenschaftlich produktivste Observatorium der Welt. Im Speziellen arbeitet Suzanna derzeit für »Alma«, einem der größten Radioteleskop-Projekte der Welt, ganz hoch oben in der chilenischen Atacama-Wüste. Alma ist mit seinen 66 riesigen Antennenschüsseln das leistungsfähigste Observatorium im Millimeterwellenlängenbereich zur Untersuchung des kühlen und fernen Universums. Dabei forscht Suzanna zur Entwicklung von Sternen, insbesondere den pulsierenden blauen Unterzwergsternen. Das ist eine besondere Klasse von Sternen, die deutlich weniger hell leuchten als »normale« Sterne mit gleicher Oberflächentemperatur. Im Prinzip geht es ihr bei ihrer Forschung auch um die Beantwortung ganz grundlegender Fragen: Wo kommen wir her, und wo gehen wir hin?

Was mir an meiner Kollegin besonders gut gefällt: Auch sie legt viel Wert auf Ausgleich zur manchmal doch recht stressigen Kopfarbeit. Sie spielt Klavier, singt im Chor, ist Gleitschirmfliegerin, Wintersportlerin – und ausgebildete Yogalehrerin. Wer von uns beiden ins All reist, wird erst etwa neun Monate vor dem Start unserer Mission entschieden.

Gelungene Kommunikation

 Mit meinem Papa habe ich – wie sollte es auch anders sein – eine Vater-Tochter-Dynamik. Es kann ja die Kommunikation erleichtern, wenn man sich nahesteht. Manchmal macht es aber die Dinge auch komplizierter. Wir nehmen und schätzen uns, so, wie wir sind. Was nicht heißt, dass mein Vater und ich ständig total offen für die Positionen und Verhaltensweisen des jeweils anderen wären. Ich denke durchaus manchmal leicht entnervt: »PAPA!« Umgekehrt ist das sicherlich genauso. Beispiel: Ich rufe ihn an meinem Geburtstag an und frage: »Kommt ihr direkt um drei Uhr oder später?« Dann antwortet er: »Wir sitzen noch hier bei Gabi.« Dann sage ich: »Aber kommt ihr direkt um drei oder später?« Dann fragt er: »Was ist der Hintergrund der Frage?« – »PAPA! Antworte bitte einfach auf meine Frage. Kommt ihr um drei Uhr oder später?« – »Später.« – »Okay, danke, ciao.« Es ging tatsächlich nur um Kuchen, der noch vor drei beim Bäcker abgeholt werden musste.

Mehr als »Wann kommt ihr?« wollte ich in dem Moment gar nicht von ihm wissen. In solchen Situationen muss ich immer ein bisschen lachen. Mein Vater geht schnell in den Helfermodus und fragt sich: Was kann ich tun? Deshalb möchte er den Hintergrund meiner Frage wissen. Und ich versuche, das zu umschiffen und ihm gleichzeitig entgegenzukommen, indem ich meine Frage präzise auf das »Wann« herunterbreche. Mein Vater hat den lauernden Appell gerochen, ob er den Kuchen beim Bäcker abholen kann, und hat deshalb vorgegriffen. Ich glaube, so ist das eben, wenn man Familie ist. Da kommuniziert man einfach anders als mit Kollegen oder Freunden. Vieles spart man im Gespräch dann aus, weil man meint zu wissen, worum es geht oder worauf der andere hinauswill. Mein Vater ist dann oft schon etwa drei Gedankenkonstrukte weiter – manchmal müssen wir uns dann wieder neu finden und abstimmen.

Nach meiner Auffassung gibt es im täglichen Miteinander wenig, was wichtiger ist für unser Zusammenleben als die Kommunikation. Und genau dieser Bereich ist mitunter recht störanfällig. Wenn es dabei hakt, steckt meist keine Absicht der Beteiligten dahinter. Manchmal sind es Nachlässigkeiten oder einfach Dinge, an die man nicht denkt. Einer sagt etwas, und die andere versteht etwas ganz anderes, weil sie die Nachricht in ihrem eigenen Kontext wahrnimmt. Das geschieht auch, wenn beide über das Gleiche sprechen oder meinen, über das Gleiche zu sprechen. Bei einer Raumfahrtmission ist es von größter Wichtigkeit, dass die Kommunikation auf allen Ebenen einwandfrei abläuft. Denn nur so ist es möglich, dass alle Beteiligten das gleiche Bild von einer gegebenen Situation haben. Über diesen Aspekt referiere ich auch bei Vorlesungen, die ich an der RWTH Aachen halte.

Aber komplexe Abläufe gibt es nicht nur in der Raumfahrt. Jeder, der sich einem chirurgischen Eingriff unterziehen muss, vertraut darauf, dass nicht nur der Chirurg sein Handwerk versteht, sondern dass alle Beteiligten stets genau wissen, was gerade zu tun ist und warum. Wie kann ich komplexe Abläufe einerseits so sicher wie möglich machen und andererseits auch noch effizient dabei sein? Im Grunde genommen spielt diese Frage überall da eine Rolle, wo mehrere Menschen zusammenarbeiten und ein gemeinsames Ergebnis erzielen wollen. Dabei ist völlig klar, dass es eine hundertprozentige Sicherheit nicht geben kann. Es ist jedoch verblüffend zu sehen, wie gerade Schwächen oder gar Fehler in der Kommunikation ein im Grunde handhabbares technisches Problem aus dem Ruder laufen lassen können. Und auch wenn in der Raumfahrt die Kommunikation besonders umfassend reflektiert, geregelt und geschärft wird, können bei uns immer noch Dinge schieflaufen, wie man am Beispiel von Luca Parmitano sieht, der 2013 beinahe im Weltall ertrunken wäre.

Auch Astronauten und Raumfahrtingenieure machen bei der Durchführung ihrer Aufgaben Fehler, ganz einfach weil sie Menschen sind. Dann hilft alles nichts, wir müssen den Fehler benennen und damit bekennen. Nur so ist es möglich, dass andere einschätzen können, ob sie vielleicht betroffen sind, ob sie ihre Abläufe anpassen müssen. Hier hilft nur der offene, aufrichtige Austausch. Aber damit hört es nicht auf. Ein ganz wichtiger Schritt ist das klare Verständigen über die jeweilige Perspektive aller Beteiligten, sodass am Ende alle im selben Bilde sind. Im Grunde sind dies Binsenweisheiten, aber oft schwerer zu leben als gesagt oder aufgeschrieben. Es ist auch nicht ein exklusiv raumfahrtspezifisches Anliegen. Es gibt jedoch einen wesentlichen Unterschied zu anderen Unternehmungen: Wenn in der Raumfahrt etwas richtig schiefläuft, dann weiß es die ganze Welt.

Was ist Wahrheit?
Die Macht der Wahrnehmungsfilter

Wahrheit ist ein weites Feld. Was Wahrheit ist, darüber könnte man lange philosophieren. Nur in der Mathematik sind Aussagen wie »Das ist wahr« und »Das ist nicht wahr« eindeutig. Dennoch spielt der Begriff »Wahrheit« in unserem Miteinander unausgesprochen eine große Rolle.

Manchmal haben Menschen die Vorstellung, es gäbe so etwas wie eine objektive Wahrheit. Wie das so ist in einer Familie, hatten sich zwei unserer Kinder einmal so richtig gekabbelt. Und beide waren felsenfest davon überzeugt, dass sie recht hatten und der andere gleich schon mal gar nicht. Zu Hilfe kam mir eine weiße Vase, die bei uns im Wohnzimmer stand. Auf einer Seite war ein Blumenrelief herausgearbeitet. »Was siehst

du?«, habe ich das Kind auf der Seite mit dem Relief gefragt. »Ich sehe eine Vase.« – »Und? Siehst du noch mehr?« – »Ich sehe eine weiße Vase mit
einer weißen Blume drauf.« – »Und was siehst du?«, fragte ich das Gegenüber. »Ich sehe eine weiße Vase.« – »Und?« – »Nichts und. Da ist keine
Blume.« – »Okay! Wer von euch beiden hat jetzt recht?«

Etwas, das Insa und ich definitiv gemeinsam haben: Wenn uns jemand in
einer strittigen Sache etwas sagt, dann hören wir erst einmal mit einer gewissen Skepsis zu. Das bedeutet: Wenn mir jemand erzählt, etwas habe
sich auf eine bestimmte Weise zugetragen, dann nehme ich das auf und
verstehe es auch, halte innerlich aber auch die Möglichkeit für gegeben,
dass es auch anders gewesen sein könnte.

Wenn ich bei anderen im Gespräch etwas mitbekomme, das ich selbst anders
sehe, dann kommt mir nicht der Gedanke: »Ah, der sagt etwas Falsches.« In
diesen Kategorien denke ich erst einmal nicht – was nicht ausschließt, dass
ich später vielleicht doch zu diesem Schluss komme. Zuerst frage ich mich:
Was ist die Motivation, mir einen Sachverhalt oder eine Begebenheit so zu
erzählen? Ich würde mein Zuhören als eine Art »offene Skepsis« bezeichnen, etwas, was ich mit Insa sicherlich gemeinsam habe. Skeptisch, weil ich
mit dem Gesagten nicht übereinstimme, offen, weil ich die Möglichkeit habe, meine eigene Auffassung zu überprüfen. Vielleicht ist diese Herange-
hensweise einfach ein wissenschaftliches Element, das tief in mir steckt. Als
Wissenschaftler lernt man ja relativ schnell, dass es nicht nur das eine Ergebnis gibt, so, wie es in der Schule vermittelt wird. Wissenschaft funktioniert
so nicht. Bis etwas als gesichertes Wissen gilt, gibt es ja viele Erklärungsver-
suche für ein beobachtetes Phänomen. Und erst dadurch, dass sich ein bestimmtes Modell oder eine bestimmte Vorstellung immer wieder aufs Neue
bewährt, wird es ganz allmählich als gesichertes Wissen angesehen.

Manchmal formulieren wir unseren Zweifel sehr salopp: »So ganz glaube
ich das jetzt aber nicht.« Das hört sich zunächst vielleicht an, als würden
wir dem anderen unterstellen, vorsätzlich oder unwissend die Unwahrheit
zu sagen. So ist das aber nicht gemeint. Es handelt sich bei uns eher um

die Kurzform von: »Gut, ich habe deine Auffassung verstanden, aber vielleicht gibt es noch eine andere.«

 Da sind wir uns so ähnlich, dass ich dem nichts hinzuzufügen habe – außer: Manchmal tut es mir leid, denn sicherlich kommt es gelegentlich beim Gegenüber so an, als würden wir an dessen Aussage zweifeln. Dabei sind wir einfach nur neugierig und möchten herausfinden, ob auf der Rückseite der Vase noch andere Abbildungen sind.

 Wenn Menschen miteinander kommunizieren, werden nicht selten zwei Dinge vermischt: das Mitteilen von Fakten und eine Beurteilung. Als Beispiel kann man die Aussage betrachten: »Raumfahrt ist teuer.« Mit diesem Satz kann ich erst einmal nichts anfangen. Denn ich weiß nicht, woran der andere sein Urteil bemisst. Raumfahrt kostet Geld. Stimmt. Raumfahrt kostet viel Geld. Das hängt davon ab, was man unter »viel« versteht. Das Budget der ESA beträgt etwa fünf Milliarden Euro pro Jahr – das ist Fakt. Wenn man nun sagt, das ist viel oder teuer, dann stellt sich für mich die Frage: im Vergleich zu was? Was ist dein Maßstab für teuer, für günstig, für erschwinglich, für nicht erschwinglich? Zunächst gehe ich davon aus, dass wir unterschiedliche Maßstäbe anlegen. Das hat etwas mit uns beiden zu tun. Mein Gesprächspartner bewertet etwas vor seinem Hintergrund und ich vor meinem. Eine echte Verständigung beginnt damit, dass man Fakten und Beurteilung auseinanderhalten kann. Das sollte eigentlich einfach sein und gelingt trotzdem nicht immer. Und in einem zweiten Schritt muss man sich über die gegenseitigen Maßstäbe austauschen, die man an bestimmte Dinge anlegt. Wenn man erkennt, dass eine unterschiedliche Bewertung auf unterschiedlichen Maßstäben beruht, ist schon viel gewonnen, und man kann eher eine Lösung erzielen. Und wenn nicht, dann weiß man wenigstens, warum dies nicht möglich war.

Oft haben zwei Gesprächspartner eben nicht dieselben Wertegrundlagen, selbst wenn sie in vielen Dingen ähnlich geprägt sind. Und nahezu bei jeder Aussage bringen wir Bewertungen ein, ohne dass uns dies bewusst wäre. Aber wer will schon fortwährend bewertet werden? Auf Friedrich Nietzsche geht die Aussage zurück: »Warum hält sich der Mensch so gern in der Natur auf? Weil sie ihn nicht bewertet.« Ich finde, da ist viel Wahres dran.

Wie gehen wir miteinander um?

 Mein Vater und ich gehen sehr offen an neue Situationen und Menschen heran. Dabei ertappe ich mich trotz dieser Einstellung auch selbst immer mal wieder dabei, dass ich doch noch Vorurteile habe. Beispielsweise wenn eine lautstarke Gruppe Teenager im Schwimmbad am Sprungturm auftaucht und mit ihren Kunstsprüngen die anderen Badegäste nass spritzt. Wenn mir dann meine Tochter zeigen will, wie sie genau jetzt zum ersten Mal vom Einmeterbrett springt, wird mir ein bisschen mulmig beim Anblick der vermeintlichen Rowdies. Aber dann gehe ich einfach trotzdem mit ihr hin, wir stellen uns ganz normal an – und siehe da, sofort wurde meine Siebenjährige bei jedem Sprung mit Verbeugung vorgelassen, sodass sie irgendwann total außer Atem war. Ein zweiter Teil der Gruppe hat meine jüngere Tochter bespaßt, die Große angefeuert, Handtücher geholt – und wirklich jedes Mal, wenn sie sich getraut hat zu springen, haben ihr die großen Jungs applaudiert.

Erlebnisse wie dieses bestätigen mich darin, offen zu bleiben, selbst wenn jemand in meinem Umfeld etwas macht, das mir gerade gar nicht in den Kram passt. Wenn jemand beispielsweise lauthals seit einer Viertelstunde in der Bahn telefoniert, weiß ich nicht, in welcher Situation diese Person ist und welche Notwendigkeit sie gerade empfindet. Ich denke dann: Dieses Verhalten stört mich zwar beim Arbeiten, aber ich gebe dem Ganzen jetzt noch mal zehn Minuten, bevor ich etwas sage. Dann schaue ich die Person an und sehe, dass sie vollkommen aufgelöst ist. Es liegt also nahe, dass es einen absolut dringenden Grund gibt, warum der ganze Waggon mit 80 Leuten dieses Gespräch jetzt mit anhören muss. Mein eigener Wunsch – nämlich, gerade ungestört arbeiten zu können – ist nicht der einzig richtige und für alle gültig.

Mein Mann Daniel und ich haben uns schon in der Schule kennengelernt und sind mittlerweile seit 18 Jahren zusammen. Ich kam gerade aus den USA zurück, auf einer Stufenfahrt der 11. Klasse in Spanien haben wir uns dann erstmals länger unterhalten. Sechs Wochen später waren wir ein Paar, verheiratet sind wir seit zehn Jahren.

Was ich an unserer Beziehung schätze: Wir bewegen uns immer auf Augenhöhe. Mein Mann hat nie suggeriert, dass es meine Rolle sei, bestimmte Aufgaben zu übernehmen. Das hat mein Vater bei meiner Mutter auch nie getan. Obwohl es in unserem Elternhaus so war, dass sie bei uns Kindern zu Hause blieb, erschien es mir immer ein von beiden bewusst gewähltes Modell zu sein.

Man tritt ja häufig mit Mustern in Beziehung mit anderen Menschen, also Verhaltensweisen, die man sich im Laufe seines Lebens angeeignet und verinnerlicht hat. Ich hatte beispielsweise eine Tendenz zur klassischen Opferrolle und habe früher öfter lamentiert: »Wenn hier sonst keiner aufräumt, dann mache ich das halt. Obwohl ich die ganze Woche unterwegs war, schleppe ich mich, müde wie ich bin, hier hin und her, dabei will ich eigentlich nur ins Bett.« Mein Mann geht in so einem Fall einfach ins Bett, schläft sorgenfrei ein und räumt am nächsten Morgen auf. In dieser Hinsicht habe ich mittlerweile viel gelernt und meine Ansprüche an mich selbst deutlich heruntergeschraubt. Meinem Schlafbedürfnis kommt das sehr entgegen.

Man braucht Offenheit, um sich einzugestehen, dass die eigene Vorgehensweise nicht unbedingt der Weisheit letzter Schluss ist. Auch bei nervigen, wiederkehrenden Alltagsthemen, an denen sich Langzeitpaare oft auch aufreiben. Mein Mann hängt beispielsweise die Wäsche ganz anders auf als ich. Anfangs war das durchaus ein Thema bei uns. Er hat damals aus Platzmangel die Boxershorts doppelt gefaltet und so über die Wäscheleine gehängt. Ich war der Meinung, dass sie dann nicht richtig trocknen. Er sagte:»Sonst passt nicht alles auf die Leine.« Als mich das nicht zufriedenstellte, schaute mein Mann mich an und fragte:»Willst du diese Diskussion wirklich führen?« Da habe ich gemerkt: Nö, möchte ich nicht. Das kostet die ersten drei Male beim Vorbeilaufen am Wäscheständer etwas Überwindung, aber ich kann bestätigen, dass es sich ganz hervorragend damit leben lässt, wenn sie anders gefaltet werden, als ich das tun würde. Und trocken werden sie auch.

Wir versuchen, im Sinne der sogenannten gewaltfreien Kommunikation, ein Handlungskonzept des Psychologen und internationalen Mediators Marshall B. Rosenberg, in Ich-Botschaften zu sprechen und dabei unser eigenes Bedürfnis in der jeweiligen Situation auszudrücken. Das funktioniert bei uns ganz gut, nicht nur zu Hause. Wenn mein Gegenüber außergewöhnlich emotional oder gar aggressiv reagiert, dann probiere ich herauszufinden, was diese Person gerade wirklich umtreibt. Und versuche, das zu begleiten, bis wir an einen Punkt kommen, an dem wir sachlich reden können.

Manchmal einigen wir uns auch nicht, nicht weil einer die besseren sachlichen Argumente hat, sondern weil einem von uns etwas sehr wichtig ist und dem anderen mehr oder weniger egal. Dann gibt derjenige, der weniger emotionale Aktien in diesem Thema hat, einfach nach. Auch wenn es vielleicht nicht die rational begründetste Entscheidung ist. Einfach nur, weil es dem anderen wichtig ist.

Disclaimer: So läuft es bei uns im Idealfall. Auch bei uns gibt es Konflikte, die sich nicht durch simples Anwenden von gewaltfreier Kommunikation lösen lassen, auch bei uns motzt mal einer rum oder es fließen Tränen. Aber insgesamt mag ich unser Familienleben und denke, wir alle fühlen uns wohl – und das ist die Hauptsache.

Vater-Tochter-Gespräch: Wie wichtig ist Pünktlichkeit?

Ich würde mal in den Raum werfen, Papa, dass wir beide mit Unpünktlichkeit ein klitzekleines Problem haben.

Nein, finde ich überhaupt nicht.

<herzhaftes Gelächter>

Ich bin froh, dass wir uns da einig sind. Pünktlichkeit ist bei mir eher etwas, das ich mir in den letzten Jahren zunehmend angeeignet habe, bei Terminen, zu denen man definitiv nicht unpünktlich erscheinen kann. Inzwischen habe ich mir generell ein pünktlicheres Verhalten angewöhnt, gerade auch mit den Kindern. Wenn ich um neun Uhr irgendwo sein möchte, und ich weiß, ich habe eine Fahrzeit von einer Viertelstunde, dann kann ich mit Kindern nicht einfach um 8:45 Uhr das Haus verlassen. Die müssen ja beide noch ihre Schuhe suchen, Schuhe anziehen, noch mal aufs Klo gehen … Also plane ich da mindestens zehn Minuten extra ein. Das musste ich erst lernen. Und es schadet auch nicht, wenn man sich noch fünf Minuten gibt für Unwägbarkeiten im Straßenverkehr. Aber ich muss sagen, ich bin gern pünktlich. Ich bin ungern zu früh. Und das bin ich auch sehr selten. Meistens bin ich einfach pünktlich. Genau pünktlich.

Ich muss einräumen, wenn es in unserer Familie ein Unpünktlichkeits-Gen gibt, dann haben unsere Kinder das wohl eher von mir mitbekommen. Zum Glück ist das zwischen uns völlig entspannt, weil wir um diese Neigung wissen. Bei Verabredungen mit Freunden gibt es ein breites Spektrum. Wir kommen eigentlich eher zehn Minuten oder eine Viertelstunde zu spät. Es sei denn, wir wissen, dass wir heute Abend besonders pünktlich sein müssen. Umgekehrt rechnen wir nicht damit, dass es bei einer Einladung für sieben Uhr abends mit dem Glockenschlag klingelt. Das kommt aber durchaus vor, und dann kann es eben ein kleines bisschen husch-husch gehen, weil wir noch in den Vorbereitungen stecken. Beruflich gehe ich die Dinge allerdings ganz anders an. Morgen bin ich beispielsweise in Berlin. Die Veranstaltung geht um halb sechs los, und ich komme bereits um drei Uhr in Berlin an. Um allerspätestens vier Uhr möchte ich Zugang zum Raum haben, damit ich die Technik dort austesten kann und alle diese Dinge. Da bin ich schon sehr genau.

Du bist aber auch als Redner gebucht für diese Veranstaltung, als Hauptperson. Da würde ich definitiv auch schauen, dass ich zur Not mindestens noch einen Flieger nach meiner gebuchten Verbindung nehmen könnte, um pünktlich anzukommen. Sehr wichtig im Job ist mir das Begrenzen von Meetings nach hinten raus, weil ich finde, dass Leute öfter Dinge noch mal und noch mal besprechen wollen, dabei kann man manche Punkte auch einfach mal abhaken.

Das geht mir genauso. Bei meiner letzten Aufgabe im Europäischen Weltraumforschungs- und Technologiezentrum ESTEC begannen die Besprechungen pünktlich und dauerten eine Stunde. Wenn der Uhrzeiger auf neun sprang, fing ich an zu reden – auch wenn nicht alle da waren. Das sprach sich schnell herum, Unpünktlichkeit war kein Thema mehr. Und einmal, als ich dann zwei, drei Minuten überzog, die berühmte letzte Sache, die noch geklärt sein will, meinte eine Kollegin halblaut, aber deutlich hörbar: »Meetings, die pünktlich anfangen, können auch pünktlich aufhören.« Ich brach mitten im Satz ab und beendete die Besprechung. Hinterher bin ich zu ihr ins Büro gegangen und habe mich bei ihr bedankt, dass sie mich an meine eigenen Grundsätze erinnert hat.

10

Columbia – der 1. Februar 2003

 Clear Lake City in Houston, Texas, ist im Prinzip eine Ansammlung verschiedener sogenannter Neighborhoods. Wir suchten uns diesen Ort aus, weil NASAs Johnson Space Center sich in unmittelbarer Nähe befindet und sich viele NASA-Mitarbeiter dort angesiedelt haben. Südlich davon liegt der große See Clear Lake, ein beliebter Treffpunkt für Freizeitsegler. Ein Stadtzentrum, wie wir es aus Europa gewöhnt sind, gibt es dort nicht. Alles ist viel weitläufiger. Wir haben uns dort von Anfang an wohlgefühlt. Einige meiner liebsten Kollegen lebten in fußläufiger Reichweite: Steve und Nadine, Don und Micky.

Hier haben wir rasch gute Freunde gefunden. Unser Lieblingstreffpunkt war der Willow Shores Park, keine zwei Minuten zu Fuß von unserem Haus entfernt, wo wir mit Freunden und Bekannten und deren Familien jeden Samstagnachmittag Ultimate Frisbee spielten. Das war ein absolut fixer Termin. Die vermutlich treuesten Frisbeespieler waren Willie McCool und seine drei Söhne. Zumindest Willie war immer mit dabei. Willie war einmalig, schon durch sein unbekümmertes, herzliches Lachen. Er hatte drei Söhne, die wie er selbst außergewöhnlich sportlich waren. Wenn wir miteinander Ultimate Frisbee spielten, fingen sie noch das am schlechtesten geworfene Frisbee, einfach wegen ihrer unglaublichen Schnelligkeit und Geschicklichkeit. Willie kam mit mir 1996 in die Astronautenklasse 16 der NASA. Er war sogar der Erste aus meiner Klasse, dem ich begegnet bin. Wir kannten uns noch nicht. Jeder sollte sein Badge, das den Zutritt zum NASA-Gelände ermöglicht, im Gebäude 101 an der Pforte spätestens am Tag vor dem offiziellen Trainingsbeginn abholen. Gerade als ich mich dem Gebäude näherte, kam Willie heraus, in Begleitung seines jüngsten Sohnes. Ich erkannte ihn nicht sofort. »Moment mal, war das nicht Willie McCool?«, schoss es mir durch den Kopf. Doch als ich mich umdrehte, war er schon längst verschwunden.

Ich fühlte mich Willie in vielem verbunden. Nicht nur unsere Freude am Schach oder beim Sport hatten wir gemeinsam. An viele neue Dinge gingen wir auf ganz ähnliche Weise heran, wir gehörten beide eher zu den Ruhigeren.

Und Willie war ein herausragender Lehrer. Er war einer von zehn Testpiloten in unserer Astronautenklasse und wurde bei den Trainingsflügen mit der T-38 schnell mein bevorzugter Pilot. Ich bin auch mit anderen Klassenkameraden gern geflogen, aber mit niemandem so oft wie mit Willie. Eine der Strecken, die wir sehr oft gemeinsam zurücklegten, war von Houston nach El Paso, von wo aus die Piloten regelmäßig Shuttle-Landeanflüge mit dem Shuttle Training Aircraft im nahe gelegenen White Sands übten. Der Flug nach El Paso dauerte eine gute Stunde, und es gab nur eine von zwei Möglichkeiten zwischen Willie und mir: Houston – El Paso in weniger als fünf Worten, weil jeder seinen Gedanken nachhing. Oder, und das war vorzugsweise nachts unter einem glasklaren Sternenhimmel, wir sprachen ununterbrochen miteinander und philosophierten über das Weltall, den Menschen und das Leben und noch so vieles mehr. Auch den allerletzten Flug mit einer T-38, bevor ich 2001 nach Deutschland zurückkehrte, machte ich gemeinsam mit Willie. Sein Vorschlag: Kunstflug über dem Golf von Mexiko. Er zeigte mir jede Figur einmal, dann sollte ich sie nachfliegen. Seine Freude, wenn mir eine Immelmannfigur oder die Barrel Role gelungen waren – unbezahlbar! Willie wurde mein bester Freund.

So kam es, dass Willie nicht nur mir, sondern der ganzen Familie nahestand. Er war deswegen auch bei meiner Mission unser sogenannter »Family Support Astronaut«. Wenn eine Mission kurz bevorsteht, kommt man nicht mehr dazu, sich zu Hause um das Alltägliche zu kümmern. Schon gar nicht, wenn man in den letzten sieben Tagen vor dem Start in Quarantäne ist und in den Crew Quarters wohnt, statt daheim. Deshalb hat jede Crew zwei Astronauten, die in dieser Phase die Ehepartner und die Familie unterstützen und sich um einen Wasserrohbruch oder andere große und kleine Katastrophen kümmern. Das macht die NASA wirklich gut.

Hinzu kam Ilan, der erste israelische Astronaut. Als er im Sommer 1998 zur NASA kam, wohnten wir bereits seit zwei Jahren dort. Ilan kam mit seiner Familie an einem Sonntag an und wurde dann zwar in Empfang genommen, aber mehr war nicht organisiert. Bei uns klingelte das Telefon: »Ilan Ramon und seine Frau Rona sind hier. Die haben vier Kinder, habt ihr etwas dagegen, wenn sie euch heute Nachmittag besuchen kommen?« Wir hatten nichts Besonderes vor und haben natürlich zugestimmt. Ich sehe heute noch Ilan vor mir, wie er mit seiner Jüngsten an seiner rechten Hand hereinkam und uns mit seinem typischen Ilan-Lächeln und einem »Shalom« begrüßte. Hinter ihm kamen die drei Jungs, gefolgt von Rona. Wir verbrachten unseren ersten gemeinsamen Sonntagnachmittag bei uns zu Hause, woraus sich eine enge Freundschaft entwickelte. Später hatten wir tatsächlich einmal einen Wasserrohrbruch bei uns, und das Haus war eine Woche lang unbewohnbar. Die Mädchen organisierten sich flugs eine Bleibe bei ihrer jeweils besten Freundin, Tjark kam bei Willie und seiner Frau Lani unter, und wir anderen drei wohnten in dieser Zeit bei Ilan und Rona. Wir waren wirklich sehr eng verbunden mit Willie, Ilan und ihren Familien und freuten uns riesig, als sie beide für die Mission STS-107 auf Columbia nominiert wurden.

 Die Frisbeespiele waren schöne, regelmäßige gemeinsame Termine in unseren sonst doch recht unterschiedlichen Terminkalendern. Willies Stiefsohn saß im Englischunterricht vor mir, und seine Frau Lani und ich teilten die

gleichen zwei Hobbys – Harfe spielen und Fotografie. Willie und mein Vater habe ich so manches Mal vor dem Schachbrett gesehen, sie spielten allerdings auf einem Niveau fernab von meinen vergleichsweise anfängerhaften Versuchen.

Wir waren bereits wieder zwei Jahre zurück in Deutschland, wo ich am ESA-Astronautenzentrum im Köln tätig war, als am 1. Februar 2003 das Unglück passierte. Bei uns war Samstagmorgen. Meine Frau und ich gingen gerade in Bonn auf dem Markt einkaufen. Da klingelte das Telefon, und Tjark war dran. Er sagte, man habe den Kontakt mit der Raumfähre Columbia verloren. An Bord waren Willie, Ilan und fünf weitere Besatzungsmitglieder, die wir ebenfalls gut kannten. Die Crew hatte während ihrer Mission STS-107 insgesamt 80 wissenschaftliche Experimente durchgeführt und befand sich nach zwei Wochen im All auf dem Heimweg.

Tjark schien aufgeregt, was ich zunächst nicht wirklich verstand. »Das ist ja kein Problem«, wollte ich ihn beruhigen. »Das ist doch immer so, wenn man durch die oberen Schichten der Erdatmosphäre eintritt.« Die elektrisch aufgeladene Atmosphäre um das Shuttle erlaubt einfach nicht, dass Funkwellen dort durchdringen. Aber dieses Phänomen dauert vielleicht ein, zwei oder fünf Minuten lang, und dann kann man wieder miteinander sprechen. Tjark sagte: »Die hätten aber schon vor einer Viertelstunde landen sollen.« Mir wurde schlecht.

Meine Frau und ich waren gerade am Gemüsestand. »Ich glaube, wir müssen ganz schnell nach Hause«, sagte ich zu ihr. Wir eilten zur Tiefgarage, holten das Auto, und schon beim Herausfahren hörten wir im Radio die Meldung: Die Columbia stürzt zur Erde. Alle unsere Kinder, egal, wo sie gerade waren, kamen nach Hause, als sie das hörten. Unsere Freunde sind bei ihrer Wiederankunft in der Erdatmosphäre verglüht.

 Auch wenn wir alle den Start von STS-107 von Deutschland aus verfolgt hatten, ist die Landung normalerweise ein eher unaufgeregtes Ereignis. Selbst bei der Landung meines Vaters waren nicht mehr alle Kinder der Crewmitglieder anwesend, weil bestimmte Schulaktivitäten wichtiger waren. So hatte ich nur grob im Hinterkopf, dass Willie, Ilan und Laurel – auf deren Sohn ich oft aufgepasst habe – demnächst landen müssen. Ich war bei meinem Mann – damals Freund – zu Hause, als meine Schwiegermutter rief: »Insa, du musst schnell kommen! Da ist irgendwas mit dem Shuttle!« Sogar ihr Nachmittagsprogramm wurde für diese Eilmeldung unterbrochen. Ich las: »Kommunikationsprobleme« und wunderte mich – dafür eine Eilmeldung? Das ist doch normal beim Wiedereintritt in die Erdatmosphäre. Ohne Smartphone oder Ähnliches hatte ich auch erst mal keine Möglichkeit herauszufinden, was passiert war. Heute würde wohl sofort jemand in der Familien-WhatsApp-Gruppe posten. Nach ein paar Minuten folgten Bilder der zerborstenen Columbia. Zehn Minuten später der Anruf meines Vaters. Ich habe mich sofort in den nächsten Zug gesetzt und bin zu meinen Eltern gefahren. In der Nacht habe ich keine Minute geschlafen, und musste mich – absolut untypisch für mich – stundenlang übergeben. Am nächsten Morgen prangte ein walnussgroßer Herpes auf meiner Oberlippe – selbst mein Körper konnte nicht glauben, was da geschehen war. Bei der Landung war doch immer alles sicher?

 Beim Start der Columbia am 16. Januar 2003 hatte sich ein großes Stück Isolierschaum vom externen Tank gelöst, war an der Vorderkante des linken Flügels aufgetroffen und hatte dort vermutlich ein größeres Loch geschlagen. Dass das Stück Isolierschaum herabgefallen war und beim Auftreffen auf das Shuttle in kleinste Teile zersplitterte, war bekannt. Man hatte jedoch ausgeschlossen, dass das Schaumstück, ungefähr 50 mal 30 Zentimeter groß, welches das Shuttle mit einer Geschwindigkeit von 700 bis 900 Stundenkilometern traf, die Flügelvorderkante ernsthaft beschädigt hätte. Ein fataler Irrtum, denn durch das Loch drangen

beim Wiedereintritt heiße Gase in den Flügel ein, zerschmolzen von innen die Struktur und zerstörten so das Shuttle. Am Ende brach Columbia einfach auseinander. Rick, Willie, Mike, Kalpana, Laurel, Dave und Ilan hatten nie eine Chance.

Die Monate und Jahre danach waren für unsere Familie und mich sehr schwierig. Es stellte sich auch die Frage, ob ich weiter Astronaut bleibe oder nicht. Natürlich war mir klar, dass auch mir so etwas passieren könnte. Ein Unglück, durch das ich nicht zurückkäme, falls ich noch einmal ins All fliegen würde. Aber es hilft nichts, sich jeden Morgen beim Aufwachen die Frage neu zu stellen. Ich muss mich einmal fragen, will ich das machen – ja oder nein. Und wenn ich diese Frage bejaht habe, dann bleibt das erst einmal so.

Dennoch habe ich meine Familie über meinen weiteren beruflichen Werdegang entscheiden lassen. Ich bat meine Frau und die Kinder, darüber abzustimmen, ob ich weitermachen soll oder nicht. Einstimmig wurde beschlossen, dass ich Astronaut bleibe. Heute sagen sie, sie hätten gar nicht anders abstimmen können, weil ihnen klar war, wie gern ich weitermachen wollte. Das mag sein. Damals habe ich es allerdings als echte Abstimmung empfunden. Ich glaube auch, dass sie zu Ehren von Willie und Ilan so entschieden haben. Wir haben diese Crew geliebt. Auf dem Unterarm meines Sohnes Finn findet sich sogar ein Tattoo des Crew Patches von STS-107.

In den Monaten danach gab es viele Trauerfeiern und Möglichkeiten, Abschied zu nehmen. Wir sind einen Monat später geschlossen in die USA geflogen, haben Studium und Schule unterbrochen, um in Houston zu sein. Während einer Trauerfeier in Washington habe ich bei einer anderen Astronautenfamilie auf alle zurückgebliebenen Kinder aufgepasst und dafür gesorgt, dass sie zur Schule und ihren Aktivitäten kommen, während unsere Eltern in Washington waren – insgesamt waren wir um die zehn Kinder, und die Atmosphäre war keinesfalls ausgelassen. An die Abstimmung, die mein Vater oben erwähnt, kann ich mich gar nicht mehr erinnern – vermutlich war und ist es für mich trotz der riesigen Trauer einfach selbstverständlich, dass solche Unglücke kein Hinderungsgrund für astronautische Raumfahrt sind, auch wenn der Jahrestag nicht vergessen wird. 2018 hat sich dieser Unglückstag, der 1. Februar, schon zum 15. Mal gejährt. Unglaublicherweise wurde noch ein Foto der ganzen Crew, glücklich lächelnd in der Schwerelosigkeit, auf einem unentwickelten Film in den Trümmern gefunden.

Jahre später waren mein Mann und ich in Israel und besuchten dort die Familie Ramon. Ich war bereits dort, mein Mann kam nach. Nachts um drei landete er in Tel Aviv, und der Taxifahrer brachte ihn zu einer falschen Adresse. Er wunderte sich schon, warum ich ihm nicht wie abgesprochen die Tür öffnete, und klingelte nach einer Zeit notgedrungen. Verständlicherweise waren die Bewohner des Hauses nicht sehr erfreut über den nächtlichen Gast. Verständigungsprobleme gab es auch noch. In seiner Verzweiflung sagte mein Mann irgendwann »Astronaut Ramon«. Sofort erhellten sich die Gesichter, und es wurde ein neues Taxi gerufen, der Adressfehler aufgeklärt und mein Mann mit einer freundlichen Umarmung und zwei Küsschen auf den Weg geschickt – 20 Minuten später erreichte er die richtige Adresse. Geschichten dieser Art zeigen mir, wie emotional Raumfahrt für viele Menschen ist – denn diese Leute kannten die Ramons ja überhaupt nicht.

11

Familie leben als Astronaut*in

Mutter und Vater sein

 Einer meiner ersten Berufswünsche in den Poesiealben meiner Grundschulfreundinnen war: Mutter. Meine Eltern haben beide – genau wie ich – je drei Geschwister, und auch meine Großeltern hatten alle mindestens drei oder noch mehr. So war mir stets klar: Irgendwann würde ich mich über Kinder sehr freuen. Spätestens im Studium wurde aber genauso klar: Arbeiten möchte ich auch. Unklar war mir, wie das genau funktionieren soll, denn ich kannte keine berufstätigen Wissenschaftlerinnen mit kleinen Kindern. Den vielen Zuschriften an mich entnehme ich, dass auch heute noch junge Frauen mit Kinder- und Berufswunsch mit der Vereinbarkeitsfrage hadern. Es wird immer noch oft gefragt, ob der Karrierewunsch einer Frau der Gründung einer Familie entgegensteht, das war auch bei meiner Schwangerschaft mit unserem dritten Kind so: Gefühlte 80 Prozent der Leute dachten, meine Mitarbeit bei »Die Astronautin« sei damit ganz selbstverständlich vorbei.

Viele junge Frauen sind sich auch unsicher, ob sie die gesammelten Anforderungen eines solchen Lebensmodells überhaupt bewältigen können. Wenn man nicht bei anderen sieht, dass es möglich ist, fällt es vielleicht ein bisschen schwerer, diesen Weg einfach einmal auszuprobieren – und auch dranzubleiben. Man muss sich ja nichts vormachen: Eine berufstätige Mutter oder ein berufstätiger Vater zu sein ist anstrengend. Vor allem wenn immer mal wieder die gesamte Organisation wie ein Kartenhaus zusammenbricht, etwa weil die Kinder genau an dem Tag krank werden, an dem bei mir ein wichtiger beruflicher Termin ansteht, die Großeltern verreist und der Ehemann auf Dienstreise ist. Schnell drängt sich dann die Frage auf: Mache ich das hier überhaupt richtig? Ebenso wenn die Kinder traurig sind, wenn ich schon wieder auf Dienstreise fahre, mit schwerem Herzen in der überfüllten Bahn sitze und noch dringend einen Vortrag vorbereiten muss. Da kann es verlockend wirken zu sagen: Ich bleibe zu Hause und widme mich den Kindern in Vollzeit.

Ich habe höchsten Respekt vor Frauen und Männern, die ihre komplette Zeit den Kindern und – weil das meist dazuzugehören scheint – dem Haushaltsmanagement widmen und so dem arbeitenden Partner ein Rundum-Sorglos-Paket für dessen Berufsausübung bieten. So hat es ja auch meine Mutter gemacht. Ich glaube nicht, dass mein Vater wusste, welche Hobbys wir wann an welchem Tag hatten, wann wir mit welchen Musikinstrumenten wo stehen mussten und ob das Gemüse im Kühlschrank für die vierfache Brotdosenzubereitung am nächsten Morgen reichte. Dabei geht es mir gar nicht so sehr um die konkrete Durchführung – schnell auf dem Heimweg eine Gurke kaufen, ist nicht schwer –, sondern eher darum, konstant in allen Bereichen den Überblick zu behalten, also das, was man »mental load« nennt. Die liegt in diesem Modell sehr oft bei einem Partner allein, bei Alleinerziehenden sowieso. Das ist eine Wahnsinnsleistung: jederzeit für alles, von der sauberen Unterhose bis zur neuen Tintenpatrone, zuständig zu sein, vom geistigen und körperlichen Gesundheitszustand der Kinder ganz zu schweigen. Meiner Meinung nach lässt sich die Berufstätigkeit mit Kindererziehung und Haushaltsführung nur befriedigend vereinbaren, wenn sich beide Partner für alle Bereiche verantwortlich fühlen.

Ich bin Vollblutmama und mit ganzem Herzen dabei, nur eben nicht in Vollzeit. Ein paar Jahre vor der Geburt unseres ersten Kindes wurde das neue Elterngeld eingeführt. Mein Cousin war einer der ersten Väter, die zwölf Monate Elternzeit genommen hatten, trotz erheblichen Gegenwinds seitens der Firma. Ich fand das toll und habe Daniel direkt davon erzählt. Er war etwas skeptisch, ob das wirklich so eine gute Idee wäre und ob die Karriere nicht zu sehr Schaden nehmen könne, wenn man als Mann »so lange« aussteigt. Allzu viel haben wir aber gar nicht darüber diskutiert. Als ich 2010 mit unserer ersten Tochter schwanger war, wurde schnell klar: Er nimmt zwölf Monate Elternzeit, ich widme mich nach dem Mutterschutz der Promotion – dank gesetzlicher Stillpausen 35 statt 40 Stunden die Woche.

Der erste Arbeitstag beinhaltete direkt ein ganztägiges Meeting, und ich fand nichts schrecklicher, als mich mit der Milchpumpe ins Auto zu setzen und loszufahren. Mut hatte mir da meine Mutter zugesprochen: »Ihr habt euch das gut überlegt – jetzt probiere es doch einfach mal einen Tag aus. Aber nimm vielleicht wasserfeste Wimperntusche.« Weise Worte – die wasserfeste Wimperntusche war definitiv nötig. Nachdem ich aber schnell merkte, dass sich unsere Tochter und auch mein Mann pudelwohl fühlten, hatten wir bald einen neuen Rhythmus: Am Morgen habe ich noch einmal gestillt, bin zur Arbeit gefahren, und bis die beiden richtig wach waren, hatte ich schon den halben Arbeitstag hinter mir. Mein Mann machte stundenlange Streifzüge mit Baby im Tragetuch durch den Wald hinter unserem Haus, das für mich sehr lästige Abpumpen entfiel mit dem Beikoststart, und auch der Schlafmangel ließ sich irgendwie kompensieren. So fühlte es sich für uns stimmig an, weil ich fröhlich, ausgelastet und voller Sehnsucht nach meinem Baby von der Arbeit kam, es aber auch zu Hause allen Beteiligten gut ging.

Wenige Wochen nach der Geburt unserer zweiten Tochter wurde mir die Stelle als wissenschaftliche Koordinatorin angeboten – aufgrund einer sehr wichtigen Deadline aber nur in Vollzeit. Eigentlich hatte ich vor, mit 50 Prozent Teilzeit entspannt meine Promotion abzuschließen. Das Angebot war aber zu verlockend, und so bin ich ungeplant nach vier Monaten wieder in Vollzeit eingestiegen, habe aber bereits nach zwei Monaten zu Hause am Schreibtisch meine Doktorarbeit fortgeführt. Mein Mann arbeitete zu dieser Zeit ebenfalls Vollzeit, allerdings in Frankfurt, und unsere Kleine wurde im Alter von sechs Monaten stundenweise bei ihrer Patentante und Tagesmutter eingewöhnt. Die kommende Zeit war wesentlich stressiger als nach der Geburt unseres ersten Kindes. Ich konnte meine Zeit zwar flexibel einteilen, zum Beispiel einen Teil der Stunden auch am Wochenende oder abends abarbeiten, aber dennoch: beide Partner Vollzeit tätig – bei mir noch mit gänzlich neuen Aufgaben als wissenschaftliche Koordinatorin –, mein Mann an vier Tagen pro Woche in Frankfurt, ein Kind im Kindergarten und ein Säugling bei der Tagesmutter, dazu ein Hauskauf und entsprechende Renovierung. Rückblickend ist mir nicht mehr ganz klar, wie wir diese Zeit überstanden haben.

Ich bin überzeugt davon, dass man so eine Belastung über einen gewissen Zeitraum aushalten kann, habe aber aus dieser Zeit viel gelernt – eine chronische Mandelentzündung habe ich über Wochen ignoriert, denn es ging mir immer gerade noch gut genug, um mein Pensum irgendwie aufrechtzuerhalten. Für einen Arztbesuch war aber keine Zeit. Nach ein paar Monaten hatte mein Körper genug. Aufgrund einer Komplikation wurde aus dieser vergleichsweise harmlosen Sache eine Indikation für eine Operation – 30 Minuten nach Ankunft im Krankenhaus lag ich auf dem OP-Tisch, mit leerem Handy-Akku, sodass ich nicht mal meiner Familie Bescheid sagen konnte, was gerade mit mir passierte. Der darauffolgende Krankenhausaufenthalt und die für meine Begriffe lange Regenerationsphase von über drei Wochen haben mir gezeigt: Die Gesundheit und das damit einhergehende Bedürfnis nach Ruhe kann und darf man nicht ignorieren. Zumindest nicht allzu lange am Stück.

Neben einem Mindestmaß an Selbstfürsorge versuchen mein Mann und ich, unsere Berufstätigkeit mit einem bedürfnisorientierten Erziehungsansatz zu verbinden. Dabei geht es darum, die Bedürfnisse aller Familienmitglieder zu erkennen und dann je nach Ressourcen darauf einzugehen. Die Kleine hatte einmal eine Phase, in der sie mich mehr vermisst hatte als sonst und sehr viel Kuschelzeit eingefordert hatte. Also habe ich sie früher von der Kita abgeholt oder teilweise ganz zu Hause gelassen – die Arbeit holte ich dann nachts nach oder nahm, wenn nötig, Urlaub.

Gelegentlich habe ich die Kinder auch schon mit zur Arbeit genommen – das erste Mal als Baby im Tragetuch bei einer ganztägigen Fortbildung. Dort habe ich sofort gesagt, dass ich mit dem Kind rausgehe, sobald sie sich bemerkbar macht. Sie hat tatsächlich aber überhaupt nicht gestört. Ein Teilnehmer hat sogar erst nach 3,5 Stunden gemerkt, dass da noch ein Persönchen mehr im Raum war. In Ausnahmefällen ist das auch heute noch eine Option – jetzt nehme ich die Kinder natürlich nicht mehr im Tragetuch mit, aber dafür sind wir ausgestattet mit Kopfhörern und besonderen Malstiften, die es nur bei Mama im Büro gibt. Für diese Flexibilität meiner Arbeitgeber bin ich sehr dankbar – sehe es aber gleichzeitig auch als eine Grundvoraussetzung an, um Eltern ein Berufsleben zu ermöglichen.

Natürlich läuft nicht immer alles reibungslos. Manche Situationen erweisen sich erst im Nachhinein als ungünstig. Wenn ich beispielsweise Dienstag von einer Dienstreise nach Hause komme und Mittwoch weiterfliege. Dann war ich gerade drei Tage weg, bin nur einen halben Tag da und wieder zwei Tage weg. Komme nur rein, schmeiße meine Wäsche hin, packe den Koffer neu, muss noch Liegengebliebenes erledigen und bin trotz aller guten Vorsätze schon wieder halb aus der Tür – das ist für die Kinder nicht schön, das kann auch eine Stunde Vorlesen am Abend nicht rausreißen.

So etwas merkt man aber erst, wenn man es einmal ausprobiert hat. Vorher hatte ich mir das anders vorgestellt. Ich dachte: »Ach, dann komme ich schön nach Hause und verbringe dort den Abend mit meinen Lieben.« Sobald mir so etwas auffällt, versuche ich, Terminpläne zukünftig anzupassen, damit es auch für die Kinder gut ist und wir entspannt zusammen sein können. Und wenn es mal nicht vermeidbar ist, reden wir schon vorher darüber.

Was mir ganz wichtig ist: Jede Familie bestimmt für sich selbst, wie ihr Alltag und ihr Idealmodell aussieht – das kann sich mit den Jahren auch ändern. Die Bedürfnisse der Kinder wandeln sich ja auch sehr mit zunehmendem Alter. Wir haben schon sehr viele Betreuungsmodelle ausprobiert: Mal hat mein Mann mehr Betreuung übernommen, mal ich, immer unterstützt durch Tagesmutter, Kita, Babysitter, Großeltern und Freunde. Auch wenn wir viele Erfahrungswerte haben: Ich würde mir niemals anmaßen, einer anderen Familie zu sagen: »So, wie ihr es macht, ist es falsch.«

Trotzdem wundere ich mich manchmal. Mir kommt es ganz normal vor, aber in unserer ersten Kita war ich unter 50 Familien die einzige Mutter, die Vollzeit gearbeitet hat. Mehrfach habe ich von anderen Müttern gehört, dass ihre Entscheidung, zu Hause zu bleiben, eine finanzielle sei. »Wenn ich die Steuerklasse 5 habe und Kinderbetreuungskosten abziehe, dann bleibt doch gar nichts übrig«, war ein Argument, das in diesem Rahmen öfter fiel. Ich denke dann: Eigentlich müsste die Berechnung aber mit beiden Partnern in Steuerklasse 4 und hälftigen Kinderbetreuungskosten laufen, die Rentenansprüche kommen ebenfalls dazu. Ich weiß also nicht, ob diese Entscheidung wirklich ausschließlich aus finanziellen Gründen getroffen wurde, oder ob andere Gründe – besonders gesellschaftlicher Druck – die Frauen eher zu Hause hält. Bei guten Bekannten oder Freundinnen frage ich vorsichtig nach, wieso sie mit der Steuerklasse 5 kalkulieren. Ansonsten wundere ich mich schweigend und frage höchstens, ob wir nachher noch zusammen auf den Spielplatz gehen möchten.

Ganz zurückhalten kann ich mich nur bei einem Spruch nicht: »Es ist ja Wahnsinn, was dein Mann alles macht, toll! Aber meiner könnte das nicht. Er hat viel zu viel Verantwortung im Job, das könnte er sich wirklich nicht erlauben.« Sicherlich gibt es Schichtdienst und andere Jobs, bei denen Pünktlichkeit unumgänglich ist und man an feste Zeiten gebunden ist. Das kenne ich bei uns auch – hier ist es die Bahn um 7:11 Uhr nach Frankfurt, die an vielen Wochentagen unseren Alltag taktet. Aber: Auch mein Mann kann phasenweise mal erst den Zug um 7:36 Uhr nehmen, auch ich kann die Untersuchung beim Kinderarzt mittags um 13:00 Uhr wahrnehmen und danach zum Astronautentraining fliegen. Das geht trotz verantwortungsvoller Jobs. Oftmals ist es vielleicht eher das eigene

Gefühl, unabkömmlich zu sein oder etwas zu verpassen, das Leute daran hindert, gewohnte Abläufe zu ändern oder ein paar Mal im Monat früher Feierabend zu machen.

Mittlerweile ändern sich die Verhältnisse ja langsam. Männer nehmen öfter Elternzeit, auch mehr als zwei Monate, und es gibt auch mehr Männer, die mit ihren kranken Kindern zu Hause bleiben. Väter haben ja genauso viele »Kindkrank«-Tage wie Mütter. Bei Kindern unter zwölf Jahren haben beide Elternteile einen Freistellungsanspruch auf insgesamt zehn Arbeitstage im Jahr – pro Kind. Als Höchstdauer bei mehreren Kindern gelten für jedes Elternteil 25 Arbeitstage pro Jahr. Die Entgeltfortzahlung während dieser Zeit leistet die Krankenkasse. All das ist gesetzlich geregelt und obliegt nicht der Entscheidung des Arbeitgebers. »Mein Chef erlaubt das nicht« oder »Das geht bei uns nicht« ist also kein valides Argument.

Als mein Mann im Jahr 2011 das erste Mal »kindkrank« genommen hat, war er tatsächlich der Erste in seiner Firma – bei über 40 Mitarbeitern. Niemand wusste so recht, wie man jetzt damit umgehen sollte, und es wäre sicherlich aus so mancher Sicht praktischer gewesen, wenn ich einfach noch zwei Tage zu Hause geblieben wäre. Die liegen gebliebene Arbeit hätte ich ja nachts oder am Wochenende nachholen können. In so einem Moment war es für meinen Mann verständlicherweise unangenehm, der Erste zu sein, der sagte: »Ich mache das jetzt trotzdem, auch wenn ihr nicht wisst, was ihr mit diesem Formular machen sollt.« Jetzt ist es aber auch bei ihm in der Firma vollkommen Usus geworden, genauso wie bei uns im Büro.

Sehr begrüßenswert fände ich, wenn Männer standardmäßig einen Vaterschutz bekommen würden, wenn ein Kind geboren wird. Damit klipp und klar feststeht: Du musst zu Hause bleiben, genauso wie deine Frau. Punkt. Damit reduziert sich vielleicht auch die Angst vor der berühmt-berüchtigten Kollegin Anfang 30, die bestimmt sowieso nur vorhat, schwanger zu werden, um danach nie wieder auf der Bildfläche zu erscheinen. Immerhin gibt es ja ebenso Phasen, in denen auch männliche

Arbeitnehmer mal wochenlang wegen einer Erkrankung ausfallen. Und trotzdem dreht sich dann die Erde weiter. Ohne den Automatismus eines Vaterschutzes ist es für Paare aber eben oft ein Kampf mit ellenlangen Diskussionen, die viel Energie erfordern – insbesondere wenn Vorbilder im Umfeld fehlen. Mein Mann und ich mussten uns erst einmal gedanklich anpassen, als die Kinder kamen, und viel austauschen. Auch heute sortieren sich die Dinge immer wieder neu, wir bleiben im Prozess des wechselseitigen Absprechens.

Das Training als Astronaut war eine beständige Gratwanderung. Insbesondere galt das für die Anfangsjahre, als alles noch neu war und man seine Rolle in einem bisher völlig unbekannten Umfeld noch finden musste. Das Training war äußerst anspruchsvoll, nicht so sehr inhaltlich, vor allem zeitlich, eigentlich fast ausschließlich zeitlich. Neue Inhalte sind spannend, und wir haben uns darauf gestürzt, es gab nichts, was ich als langweilig empfunden habe. Die wissenschaftliche Bandbreite der D2-Mission, für die wir trainierten, reichte von Medizin und Biologie über Spezialgebiete der Physik wie Optik oder Flüssigkeitsphysik bis zu Materialwissenschaften. Sicher, manche Disziplinen haben meine wissenschaftliche Neugierde mehr angesprochen als andere, aber es fiel mir nicht schwer, so glaube ich jedenfalls auch heute noch, eine angemessene Balance zu halten. Und dann gab es natürlich all diese Dinge, die neben ihrem operationellen Nutzen auch richtig Spaß machten. Dazu gehörten der Flugschein oder das Tauchen.

Angesichts der Fülle der Aufgaben war das eigentliche Problem die Zeit. Jedenfalls habe ich das damals so wahrgenommen. Wie sollte ich den beruflichen Verpflichtungen gerecht werden und zeitgleich der Vater und Ehemann sein, der ich so gern gewesen wäre? Es gab eine Phase mit so vielen Reisen, dass ich kaum noch zu Hause war. Beinahe wären die Flugmediziner eingeschritten, weil sie der Auffassung waren, dass der zeitliche Aufwand der Trainingsreisen die Grenzen des Zumutbaren überschritten hätte und wenn nicht die Gesundheit, so doch zumindest die

Leistungsfähigkeit beeinträchtigen würde. Vielleicht sind sie es sogar, ohne dass ich davon weiß. Jedenfalls wurde der Zeitplan etwas entzerrt. Doch schon nach einigen Wochen war die anfangs spürbare Entlastung von den realen oder vermeintlichen Trainingsanforderungen wieder aufgefressen.

Bei dem Drahtseilakt, eine Balance zwischen den Anforderungen des Trainings auf der einen Seite und der Familie auf der anderen Seite zu finden – nicht den ANFORDERUNGEN der Familie, sondern DER FAMILIE, Familie fordert nicht, Familie IST –, bei diesem Drahtseilakt bin ich mehr als einmal abgestürzt. Zum Glück war es kein Balancieren ohne Netz und doppelten Boden, ich hatte ein Sicherheitsnetz. Und dieses Netz hieß: Familie. Dass dieses Netz zu jeder Zeit gespannt und zuverlässig verankert war, dafür sorgte meine Frau. Obwohl sie selbst nicht nur einmal die Leidtragende war, wenn dieses Netz gebraucht wurde.

Einmal lag die ganze Familie mit Windpocken im Bett. Meine Frau und alle Kinder. Der Einzige, der davon verschont geblieben war, war ich. Unser Hausarzt, Dr. Haller, wollte mich für eine Woche krankschreiben, damit ich in der schwierigsten Phase zu Hause bleiben und mich um die Familie kümmern konnte. Ich habe dieses Angebot ausgeschlagen. Sicher spielte eine Rolle, dass ich der Flugmedizin meine Krankschreibung hätte melden müssen und dabei wäre sofort klar gewesen, dass die Krankheit vorgeschoben war. Ich kann mich heute nicht mehr daran erinnern, welche wirklich oder nur vermeintlich wichtigen Trainingseinheiten damals auf dem Dienstplan standen. Ich weiß nur noch, dass ich das Training für so wichtig hielt, dass ich nicht einfach eine Woche Urlaub genommen habe. Hätte ich mich nur ordentlich auf die Hinterbeine gestellt, wäre mir, davon gehe ich aus, der Urlaub genehmigt worden. Ich schäme mich noch heute, wenn ich daran denke, wie wenig Rückgrat ich damals bewiesen habe.

Anfangs war es sicherlich schwieriger, seine Ansprüche geltend zu machen, wir alle lernten dazu. Mit alle meine ich nicht nur uns Astronauten, sondern auch die Kollegen in der Trainingsabteilung, von denen nicht wenige genauso neu und unerfahren waren wie wir. Und genauso begeistert von der Sache, der Raumfahrt!

Ich erinnere mich noch, dass ich einmal darum bat, an einem bestimmten Nachmittag mein Training auf halb vier zu begrenzen, weil ich beim Geburtstag eines meiner Kinder wenigstens ab vier Uhr mitfeiern wollte. Die D2-Mission fand nicht übermorgen statt, sondern in zwei Jahren. Die Trainingsabteilung stöhnte: »Welche Randbedingungen sollen wir denn bitte schön noch alle berücksichtigen?« Als ich kurz nach sechs zu Hause den Schlüssel in der Tür umdrehte, kam ich gerade noch rechtzeitig zur letzten Runde Topfschlagen.

Ein anderes Mal gab es eine Veranstaltung in Feucht bei Nürnberg zu Ehren von Hermann Oberths 95. Geburtstag. Hermann Oberth ist einer der bedeutendsten Pioniere der Raumfahrt. Alle deutschen Astronauten waren hierzu eingeladen, auch diejenigen, die noch nicht ins All geflogen waren. Meine Frau war hochschwanger und stand kurz vor der Geburt, und so habe ich die Einladung ausgeschlagen. Diese Entscheidung traf nicht bei allen auf Verständnis, und ich habe noch Monate später entsprechende Kommentare zu hören bekommen. Heute würde ich solche Seitenbemerkungen gar nicht mehr wahrnehmen, aber damals habe ich mich von solchen Spitzen treffen lassen.

Es gab auch verschiedene kleine Dinge, die mir bei jedem Kind wichtig waren. Ein Beispiel ist Radfahren lernen. Der Anblick von Stützrädern ist mir ein Graus, weil das Kind oft in Schräglage über die Straße braust. Wenn der Umstieg vom Dreirad auf das Zweirad anstand, begaben wir uns auf eine abgelegene Straße in der Nachbarschaft. Dort hielt ich das Rad am Sattel fest und begann, erst langsam zu schieben. Nach und nach schob ich schneller, immer im Gleichmaß mit dem Pedaltreten des Kindes. Und mein Griff am Sattel wurde lockerer und lockerer, bis ich am Ende zwar in gebückter Haltung, aber ohne Griff an den Sattel hinter dem Kind hergelaufen bin. Nach ein bis zwei Stunden hatte ich einen doppelten Vorteil: Ich wusste genau, wie gut das Kind Radfahren konnte und hatte zusätzlich noch eine Gratiseinheit Sport bekommen.

In dieser Trainingsphase sind wir Astronauten auch von Psychologen vom Institut für Luft- und Raumfahrtpsychologie des DLR in Hamburg begleitet worden. Vielleicht vier- oder fünfmal verbrachten wir drei Tage in einer ruhigen Umgebung und reflektierten gemeinsam über alles, was uns bewegte. Das konnte das Spannungsfeld Familie-Beruf sein, aber auch die vielfältigen Fallstricke in der Kommunikation oder das Lernen von NEIN sagen. Ich erinnere mich noch genau, wie eine Einheit zur Kommunikation mit einer einfachen Folie begann. Er: »Was ist denn das Grüne in der Suppe?« Sie: »Wenn es dir nicht schmeckt, kannst du ja woanders essen!« Köstlich, das hätte von Loriot sein können. Ich habe es sehr begrüßt, dass wir die Möglichkeit hatten, uns mit dem Zwischenmenschlichen nicht nur zwischen uns fünf Astronauten, sondern auch mit dem näheren und weiteren Umfeld im Kollegenkreis auseinandersetzen zu können. Das war anstrengend, schwierig, Augen öffnend, nervenzehrend, erschöpfend, lustig, harmonisch, enttäuschend, entspannend, erleichternd, dass alles und noch einiges mehr. Und ich habe dabei viel gelernt, hoffentlich das meiste über mich.

Während der Pause bei einer dieser psychologischen Trainings machte Albrecht, einer der Psychologen, mit mir einen Spaziergang. »Gerhard, ich mache mir Sorgen um einen von euch.« – »Das kann ja nur ich sein, sonst würdest du mir das nicht sagen.« – »Genau, um dich.« – »Und warum?« – »Du versuchst, ein hundertprozentiger Astronaut zu sein. Und du versuchst, ein ebenso hundertprozentiger Ehemann und Vater zu sein. Ich fürchte, das wird dir nicht gelingen, das kann dir nicht gelingen, und ich befürchte, dass du daran zerbrichst, wenn du nicht etwas änderst.«

Ich wiegelte nicht ab, ich habe es auch nicht als einen Warnschuss verstanden. Es war ein wichtiger Hinweis, an den ich später immer wieder einmal gedacht habe. Ich kann mich nicht erinnern, dass ich aufgrund dieses Gespräches sofort und auf der Stelle alles geändert hätte, um diesen Balanceakt besser moderieren zu können. Aber ich glaube schon, dass Albrecht dazu beigetragen hat, dass der Tanker, der sich sehr lange sehr stur in eine Richtung bewegen konnte, schneller als früher Anzeichen von Kursänderungen gezeigt hat, wenn dies nötig war. Albrecht ist heute einer meiner engsten Freunde.

Bin ich Feminist*in?

 »Man kann ja sagen, was man will, aber in den ersten drei Jahren gehören Kinder einfach zu ihren Müttern.« Diesen pauschalen Klischeespruch bemühte ein Freund von mir auf meiner Geburtstagsparty. »Was genau meinst du denn damit?«, fragte ich – leicht irritiert, schließlich weiß er ganz genau, dass ich wesentlich früher wieder angefangen habe zu arbeiten. Dass die Gesellschaft dafür Verständnis haben müsse, wenn eine Mutter beruflich in den ersten Jahren etwas zurücktrete, war seine etwas betreten klingende Antwort.

Sein Anliegen war also nicht gewesen, mein Lebensmodell zu kritisieren. Ihm war vielmehr wichtig, dass Frauen die Möglichkeit haben, zu Hause zu bleiben, ohne dafür schräg angeschaut zu werden. Dass er mit seiner gewählten Formulierung quasi allen vorzuschreiben schien, es auf genau diese Weise machen zu müssen, war ihm nicht bewusst. Letztlich wollte er darauf hinaus, dass die Politik seiner Meinung nach die langjährige Elternzeit mehr unterstützen solle und dass er sich eine breitere gesellschaftliche Akzeptanz und mehr Verständnis für Familie und Erziehung wünsche. Das fände ich genauso schön und wichtig – nur muss es meiner Meinung nach nicht die Mutter sein, die diese erste Zeit allein abfängt. Deshalb wünsche ich mir, dass wir vorsichtiger mit pauschalen Formulierungen umgehen.

Ich habe auch Bekannte, die zu sechsjährigen Mädchen sagen: »Ach, du siehst heute aber süß aus! Immer schön süß aussehen, dann klappt das auch mit den Jungs später.« Zu Sechsjährigen. Bei solchen Sprüchen könnte ich die Wand hochgehen. Denn damit werden Mädchen in eine Schublade gedrückt: Du musst nur gut aussehen und dich darum kümmern, dass du einen Jungen bekommst – und das reicht dann auch fürs Leben. Diese Sichtweise ist in meinen Augen vollkommen indiskutabel – und ich frage mich, wie oft solche Sprüche tatsächlich so gemeint sind.

Denn Klischeesätze dieser Art wirken auf mich eher wie Robotersprüche, ähnlich der Kategorie »der sprechende Elternautomat«. Das hat man einfach so gelernt: »Räum dein Zimmer auf, sonst komme ich mit dem Müllsack und schmeiße alles weg« oder Ähnliches. Diese erlernten Sprüche werden einfach abgespult, ohne bewusst darüber nachzudenken. Die wenigsten Eltern wollen ja wirklich in so einem Moment alles wegwerfen. Und so kommentiert man bei Mädchen automatisch eher ihr Aussehen, bei Jungs ihre Tapferkeit und Stärke. Hat man ja schon immer so gemacht. Aber solche unbedachten Worte können auf Kinder einen prägenden Einfluss haben.

Als ich ungefähr elf Jahre alt war, haben wir einen gemeinsamen Urlaub mit einer befreundeten Familie verbracht. Eines Abends sollte es ein Lagerfeuer geben, und der Vater rief: »Kinder, kommt und helft mir mal, das Feuer anzumachen!« Sein Sohn, mein Bruder und ich kamen freudig angerannt, da drehte er sich freundlich zu mir um und sagte: »Insa, du nicht – Mädchen machen kein Feuer.« Damals habe ich diesem Ereignis wenig Bedeutung beigemessen und deshalb niemandem davon erzählt, der mich vielleicht vom Gegenteil hätte überzeugen können. Aber eines habe ich tatsächlich auch in Folgejahren gemieden: Feuer machen. Und so kam es, dass ich mit 33 Jahren vor unserem neuen Kamin saß und dem Wunsch meiner Töchter nach einem Feuer nicht sofort nachgekommen bin. Ich habe allen Ernstes gezögert, und es ist mir nur aufgefallen, weil ich zufällig vorher einen Artikel über die oft geschlechterspezifische Rollenverteilung im Haushalt gelesen hatte. Dort wurde »Grillen/Kamin anzünden« als eine »typisch männliche« Tätigkeit genannt. »Jetzt erst recht« funktioniert bei mir als Motivation ganz gut, also habe ich es gewagt. Wer weiß, vielleicht hätte ich sonst einfach eine Ausrede erfunden oder hätte gesagt: »Wir warten, bis Papa zu Hause ist.« Dabei ist Kamin anzünden nun wirklich kein Hexenwerk – selbst meine Siebenjährige kann es.

Ich glaube, vielen ist einfach nicht ganz klar, was sie da sagen. Man ist ja nicht in allen Bereichen belesen. Nur weil ich während meiner Mittagspause im Internet auf »Edition F« Artikel lese, heißt das nicht, dass jeder es so macht oder machen sollte. Mein Mann hat zum Beispiel zunächst das Wort »Feminismus« eher abgelehnt. Für ihn hatte das etwas mit den 70er-Jahren, BHs verbrennen und Männer verurteilen zu tun. Mit diesem Bild wollte er sich nicht identifizieren. Als ich ihm schilderte, wie sich der Begriff des Feminismus entwickelt hatte, unter anderem beispielsweise durch Emma Watson, begann auch er, Artikel zu dem Thema zu lesen. Daraus entsponnen sich zwischen uns Diskussionen. Dabei wurde ihm klar: Natürlich ist er auch ein Feminist.

EMMA WATSON – MODERNE FEMINISTIN

Die britische Schauspielerin Emma Watson (Jahrgang 1990), in jüngeren Jahren vor allem durch die Harry-Potter-Filme bekannt geworden, setzt sich seit 2014 als Sonderbotschafterin der Vereinten Nationen für Gleichberechtigung ein. Dabei betont sie, dass sich ihr Plädoyer für Frauenrechte nicht gegen Männer richtet. Vielmehr geht es darum, sich gegenseitig in seinen Qualitäten und Fähigkeiten wertzuschätzen und zu unterstützen. So könne es auch gelingen, die Rolle der Männer zu stärken und beispielsweise den väterlichen Einfluss auf Kinder angemessen zu würdigen und umfassend zu ermöglichen. Es geht nicht darum, irgendjemandem vorzuschreiben, wie er oder sie sein Leben zu leben hat. Menschen beiderlei Geschlechts sollen einfach jederzeit frei wählen dürfen.

Es lohnt sich meiner Meinung nach, bei sexistischen Sprüchen auf der Arbeit oder zu Hause einfach mal nachzufragen: Meinst du das wirklich so? Es ist ja auch legitim, nicht in allen Bereichen auf dem aktuellen Stand der gesellschaftlichen Entwicklung zu sein. Das geht mir in vielen Dingen genauso. Ich merke aber, dass sich im Zuge von öffentlich geführten Debatten wie #metoo ganz selbstverständlich Gespräche zum Thema Feminismus ergeben, und ich habe es mir, besonders in meiner jetzigen Rolle als Astronautin, selbst zur Aufgabe gemacht, mich öfter daran zu beteiligen – auch wenn ich mich manchmal trauen muss.

Auf der Geburtstagsfeier meiner damals vierjährigen Tochter wurde ihr das neue Lego Space Shuttle – mit Astronautin! – mit den Worten »Hier, lass das mal die Jungs für dich aufbauen« abgenommen. Das war ein sehr guter Bekannter von uns. Wenn aber eigentlich gerade der Geburtstagskuchen angeschnitten werden soll, gibt es kaum einen angenehmen Weg, das eigene Entsetzen sinnvoll und konstruktiv zu diskutieren. Ich habe also nichts gesagt, es fehlte die Zeit, um hier wertschätzend Feedback zu geben und so überhaupt erst tieferem Nachdenken Tür und Tor zu öffnen. Aber zu einem späteren Zeitpunkt bei einem guten Glas Wein habe ich mich überwunden und das Thema vorsichtig zur Sprache gebracht – und siehe da, wir konnten sehr lange und offen darüber reden. Solche Erfolgserlebnisse beflügeln.

Deshalb konfrontiere ich Menschen mittlerweile auch sehr viel direkter als noch vor einem Jahr, wenn sie pauschalisierende Sprüche über Frauen oder insbesondere Mütter von sich geben. Denn vielleicht ist es eben jetzt auch meine Rolle, so etwas nicht mehr zu ertragen oder zu dulden. Gerade wenn es auf einer Bühne oder im TV passiert. Dann fühle ich mich verpflichtet, etwas dazu zu sagen.

 Feminismus war schon vor 40 Jahren ein Thema, und die deutsche Diskussion dieser Zeit ist vor allem mit dem Namen Alice Schwarzer und der Zeitschrift »Emma« verbunden. Ich habe das Thema wahrgenommen, es aber nicht zu einem gemacht, das für mich vordringlich war. Vielleicht weil ich mich durch diese Diskussion nicht angegriffen oder in irgendeiner Weise infrage gestellt sah. Natürlich habe ich manchmal die

Augenbrauen hochgezogen, wenn die ein oder andere feministische Position sehr offensiv vorgetragen oder grell überzeichnet worden ist. Meine Antwort darauf war, dass ich mich Frauen gegenüber auch nicht anders verhalte als Männern gegenüber. Ich habe nicht das Gefühl, das ich das besonders einüben musste, es war einfach normal. Aufgefallen ist mir gleichwohl, dass ich in den USA mehr Frauen im Beruf begegnet bin als in Deutschland. Aber ich könnte nicht sagen, dass der Umgang mit Frauen deswegen offener gewesen wäre, es war einfach alltäglicher. Ich kann mich auch nicht erinnern, dass Frauen den Männern in der beruflichen Leistung nachgestanden hätten. Das beste Beispiel dafür sind vielleicht Heike und Renate, mit denen ich 1987 für die D2-Mission ausgewählt worden bin. Im vielleicht technischsten Teil unseres Trainings ist Heike uns allen davongeflogen. Sie hatte, so jedenfalls meine Erinnerung, als Schnellste die Flugscheine unter Dach und Fach und später weitere Lizenzen erworben, mehr als ursprünglich vorgesehen waren. Renate hatte vielleicht nicht so viele Flugscheine gemacht, aber ich kann mich noch gut an die Bemerkung des Leiters unserer Münchner Flugschule erinnern. Renate käme immer fröhlich und lässig daher, sodass er nie wisse, ob sie die anstehende Prüfung auch ernst nähme. Aber wenn es darauf ankäme, sei sie voll da, von einer Minute auf die andere. Hut ab, sagte er mit anerkennendem Kopfnicken.

Später in den USA war nun vollends jeder Zweifel beseitigt, Frauen könnten nicht für diesen Beruf geeignet sein. Die Astronautin Ellen Ochoa war meine Chefin, als ich in der CAPCOM Branch gearbeitet habe, der Gruppe, die im Kontrollzentrum den Funkverkehr mit den Astronauten an Bord des Shuttles durchgeführt hat. Es gibt wenige Chefs, mit denen ich so gern zusammengearbeitet habe wie mit ihr.

Und obwohl ich für mich selbst keinen Unterschied wahrnehme zwischen Männern und Frauen im Beruf, bin ich manchmal dennoch fassungslos. Fassungslos war ich, als ich von Emma Watson hörte, ihr Plädoyer für Frauenrechte richte sich nicht gegen die Männer. Genau das habe ich schon vor 40 Jahren gehört, und bin entsetzt, dass dies heute offenbar wieder gesagt werden muss.

Brauchen wir eine Frauenquote?

 Als ich in meinen 20ern war, fand ich die Idee einer Quote fast beleidigend. Schließlich will ich doch aufgrund meiner Fähigkeiten ausgewählt werden und nicht aufgrund meines Geschlechts. Im Prinzip geht mir das auch weiterhin so. Das Problem ist aber, dass Frauen Vorurteilen unterliegen, die – selbst erlebt und leider zur Genüge wissenschaftlich nachgewiesen – sich insbesondere beruflich nachteilig auswirken können. Zwei identische Bewerbungen, aber einmal von »Herrn Peter Müller«, einmal von »Frau Petra Müller«. Peter wird häufiger eingeladen. Oder: In männerdominierten Berufswelten werden offene Stellen häufiger mit Männern besetzt (während Frauen in frauendominierten Berufsbildern nicht bevorzugt werden). Diese Liste ließe sich seitenweise fortführen.

Gerade in der europäischen Luft- und Raumfahrt ist dieses Phänomen sehr präsent. Da sieht man auf manchen Weihnachtsfeiern fast ausschließlich Männer, die Frauen lassen sich oft an einer Hand abzählen. Auch in der Wissenschaft ist es bei genauem Hinsehen nicht anders: Frauen gewinnen unterproportional selten wissenschaftliche Auszeichnungen. Das heißt: Die Zahl der Awards, die an Frauen vergeben werden, steht nicht proportional zur Bewerberzahl. Oder es werden zu hochrangigen Konferenzen nur Männer als Referenten eingeladen. Es kann einfach nicht sein, dass sich Männer und Frauen im Verhältnis 50:50 für Stellen oder Auszeichnungen bewerben und dann nur eine von zehn Auserwählten eine Frau ist. In den USA ist es zwar ähnlich, hier ist aber zumindest seit ein paar Jahren bereits eine Diskussion dazu im Gange, und es wird mehr und mehr auf ein proportionales Verhältnis geachtet – zumindest in den Geowissenschaften und der Raumfahrt. Aber hierzulande habe ich bisher wenig Bewegung feststellen können.

Wenn ich als Astronautin zu Firmenveranstaltungen eingeladen bin und extrem unausgewogene Geschlechterverhältnisse vorfinde, lege ich deshalb manchmal den Finger in die Wunde: »Wow, Sie haben ja nicht viele Frauen als Sprecherinnen hier. 20 Referenten seitens der Firma, null

Frauen. Gibt es denn keine Frauen bei Ihnen, die etwas dazu zu sagen haben?« – »Oh, da haben wir gar nicht darauf geachtet«, war die Reaktion in einer realen Situation. Da habe ich freundlich weiter nachgehakt: »Interessant, habt ihr so wenige Frauen bei euch?« – »Nein, mindestens 40 Prozent im Unternehmen sind Mitarbeiterinnen.« Mehr muss man da gar nicht sagen.

Den freundlichen Ton bei solchen Gesprächen halte ich für sehr wichtig. Ich glaube, Menschen können eher neue Gedanken annehmen oder sogar in Verhaltensweisen umsetzen, wenn sie sich nicht an den Pranger gestellt fühlen. Denn das, so haben wir es sicher alle schon einmal selbst erlebt, löst innere Abwehrreaktionen aus. Ich selbst hatte ein sehr positives, erhellendes Erlebnis mit einer Kollegin, die sehr umweltbewusst lebt. Als unsere Arbeitsgruppe sich mittags einen Coffee-to-go holen wollten, hat sie einfach gesagt: »Ich trinke den Kaffee kurz hier und komme in fünf Minuten nach.« Wir fragten, warum, und sie teilte die Wegwerfproblematik, die sie beschäftigt, mit uns. Dabei hat sie uns eben nicht für unseren übermäßigen Pappbecher- und Plastikkonsum kritisiert, sondern hat ihr Wissen, das sie in diesem Bereich hat, freundlich mit uns geteilt. Da hat keiner von uns abgeblockt, sondern wir haben uns dazugesetzt, ihr zugehört und hatten so die Möglichkeit, still und leise unser eigenes Verhalten zu überprüfen.

Denn solche Prozesse laufen oft unbewusst ab, es hatte sich halt eingespielt, dass wir auf dem Rückweg einen Pappbecher nehmen, anstatt fünf Minuten mehr Zeit einzuplanen. Diese blinden Flecken hat jeder, auch ich, zur Genüge – auch wenn es um unsere Mitmenschen geht. Beim Projekt »Implicit« der Harvard Universität kann man online eine Vielzahl dieser impliziten Assoziationen im eigenen Kopf überprüfen: Herkunft, Geschlecht, Gewicht, Aussehen, Religion usw. Ich war überrascht, in welchen Bereichen auch ich unbewusst Vorurteilen unterliege. Dass Menschen in Kategorien und Stereotypen denken, ist vermutlich normal – schwierig wird es, wenn ich mir über mein eigenes Schubladendenken nicht im Klaren und nicht bereit bin, meine Vorurteile immer wieder zu überprüfen.

Vater-Tochter-Gespräch:
Es gibt jetzt eine Astronauten-Barbie!

Du kennst ja meine grundsätzlichen Bedenken gegen Barbies: diese Verherrlichung eines unerreichbaren Schönheitsideals. Damit fühle ich mich immer unwohl. Auch wenn es im Astronautenoutfit daherkommt.

Immerhin nicht nur als Astronautin, sondern auch als eine Raumfahrtingenieurin oder Wissenschaftlerin. Das ist ja schon mal ein guter Ansatz. Und: Sie ist ja keine sexy Astronautin. Die kann man fast bestellen, finde ich.

Wenn jemand das kaufen will, werde ich mich nicht dazwischenstellen. Also aus meiner Sicht kann keine unserer Enkelinnen darauf hoffen, dass wir ihr so etwas schenken.

Du hast die Jungs vergessen – Barbies sind ja nicht nur für Mädchen! Ich bin da eher emotionslos. Bei manchen Menschen gehört es dazu, Barbies zu schenken. Dass sie das vorhandene Programm jetzt endlich mal verändern mit dieser Karriereoption, finde ich begrüßenswert – früher konnte man Barbies nur im Köchinnen-Outfit kaufen. Dann sehen junge Mädchen wenigstens, dass man das als Frau auch kann.

Da stimme ich dir durchaus zu, deswegen gebe ich ja auch zu, dass ich gemischte Gefühle habe. Es ist schon mal ein Schritt in die richtige Richtung. Und was ich gut finde, ist, dass der Astronautenanzug, wenn der überhaupt sexy ist, dann aus einem ganz anderen Grund als aus dem, den man normalerweise sich vorstellt, wenn man von sexy Kleidung spricht.

Übrigens: Auf der Internationalen Luft- und Raumfahrtausstellung (ILA), einer der wichtigsten Fachmessen unserer Branche, fragte ein Mitarbeiter der Messe ganz verdattert: »Wie, Frauen können auch Astronauten werden?« Die Frage nach der Notwendigkeit einer Quote ist spätestens seitdem für mich vollkommen obsolet. Dass Frauen wie Männern wirklich alle Möglichkeiten gleichermaßen offen stehen, wünsche ich mir für uns und die nachfolgende Generation sehr.

Familienleben unter Astronauten

Mit unserer Familie pflegen wir viel Kontakt. Die Familien-WhatsApp-Gruppe haben die meisten von uns auf stumm geschaltet. Denn über Nacht können da durchaus auch mal 120 Nachrichten zusammenkommen. Persönlich treffen wir uns mindestens an den Feiertagen und Geburtstagen – und davon gibt es ja reichlich. Es kommt aber auch häufig vor, dass einer fragt: »Ich habe einen Rhabarberkuchen gebacken, wollt ihr vorbeikommen?« Es kann aber auch vorkommen, dass ein paar Wochen vergehen, ohne dass wir viel Zeit miteinander verbringen können. Meist ist es dann meine Mama, die sagt: »Ich habe euch so lange nicht mehr gesehen, ich komme am Dienstag oder Freitag mal vorbei.«

Einen Wert, den wir als Kinder schon vermittelt bekommen haben, ist Qualität vor Quantität. Auf alles bezogen. Nicht nur bei materiellen Dingen, auch beispielsweise beim Kochen. Unser Vater ist ein echter Genießer. Er hat uns beim Essen immer vermittelt, dass es nicht darum geht, sich irgendwie den Bauch vollzuschlagen, sondern die Lebensmittel wirklich wertzuschätzen. Besonders gern kocht mein Vater nach Rezepten von Wolfram Siebeck, der leider 2016 im Alter von 87 Jahren verstarb.

Seit wir vier nicht mehr zu Hause wohnen, treffen wir uns gern mit der ganzen Familie zum Kochen, meist aufwendig. Siebecks Kochbuch »Alle meine Rezepte« hat mittlerweile jedes von uns vier Kindern zu Hause im Schrank stehen, sicher auch zum Teil aus purem Selbstschutz meiner Eltern. Ihr Exemplar würde sonst wohl regelmäßig auf Wanderschaft gehen. Mein kleiner Bruder hatte beim Auszug aus dem Elternhaus noch kein Exemplar, als wir feststellten, dass das Buch vergriffen war. Sofort gingen wir hoch organisiert auf Internetsuche und haben bei Ebay ein gebrauchtes Exemplar zu einem horrenden Preis ergattert – aber es war die Sache mehr als wert. Das ist etwas, was uns als Familie verbindet.

Auch die Erweiterung unseres kulinarischen Horizonts war meinem Vater wichtig: Einmal gab er mir fünf Dollar, damit ich eine Auster probiere. Der Anblick allein genügte mir definitiv nicht als Motivation, aber ich war 14 und fünf Dollar war mehr als mein Stundenlohn beim Babysitten. Also habe ich sie probiert – und es danach dabei belassen. Auch wenn wir beide gutes Essen mögen, weichen unsere Vorstellungen davon im Detail dann doch einmal voneinander ab.

Traditionen gibt es natürlich auch, besonders beim Weihnachtsmenü zum ersten Weihnachtsfeiertag. In den Wochen vor Weihnachten lohnt sich das Stummschalten der WhatsApp-Gruppe besonders: beispielsweise wenn mal wieder ein Gang ausgetauscht werden soll. Man kann tatsächlich sehr lange darüber diskutieren, ob die Gurkensuppe mit Lachs wirklich gegen eine Topinamburcreme ersetzt werden sollte oder nicht.

Bisher habe ich es all die Jahre geschafft, zumindest meinen Lieblingsnachtisch zu verteidigen: einen Mahlberger Schlosskuchen mit Walnussparfait. Meine Eltern mahlen ihr Mehl selbst, und deswegen ist der Kuchen sehr gehaltvoll. Nun haben mein Mann und andere Rosinen-, Zitronat- und Orangeatgegner meinen Vater in einem heimlichen Manöver dazu bekommen, einen anderen Nachtisch auf das geplante Menü zu setzen. Ich war schockiert, umso mehr, als ich feststellen musste: Der Großteil unserer Familie mag diesen Kuchen einfach nicht so gern wie ich. Da habe ich natürlich klein beigegeben. Umso mehr habe ich mich gefreut, dass mein Vater dann am ersten Weihnachtsfeiertag doch noch einen Schlosskuchen hervorgezaubert hat.

Insgesamt würde ich uns als ganz normale Großfamilie bezeichnen – manchmal etwas laut und durcheinander, meist liebevoll im Umgang miteinander, und irgendeiner ist bei WhatsApp immer erreichbar. Egal, wo, man ist nie allein und stets mit seinen Lieben verbunden.

Vater-Tochter-Gespräch: Wie entspannen wir?

 Du kennst ja Loriot – kennst du auch die eine Szene von dem älteren Ehepaar? Sie sagt: »Was tust du?«, und er sagt: »Nichts.« Und sie sagt: »Tu doch mal was.« – »Ich will jetzt aber nichts tun.« Diese Szene würde sich bei meiner Frau und mir so nicht abspielen. Ich kann meine Zeit schlecht mit Nichtstun verbringen. Wenn ich mich einfach mal entspannen möchte, dann muss ich entweder meditieren oder Tai-Chi machen oder wandern oder rennen. Dabei geht es gar nicht um den Sportswillen. Ich muss meinen Kopf freikriegen. Dazu kann ich mich nicht einfach in den Garten setzen und den Wolken nachgucken, sondern muss irgendetwas Mechanisches tun. Und das ist …

 Schlafen? Ein Nickerchen?

 Ja gut, wenn ich müde bin, kann es schon mal passieren, dass ich sage, ich mache mal 20 Minuten einen Power-Nap …

Und lesen?

Ich lese meistens abends vor dem Einschlafen. Und dann, wenn das Buch dem Ende entgegengeht, kommt es vor, dass ich zu meiner Frau sage: Heute Nachmittag mache ich nichts außer lesen, ich will mit dem Buch fertig werden. Weil ich dann das Ende der Geschichte erfahren will.

Aber das ist ja nicht Nichtstun.

Das ist richtig. Ich kann nicht »abhängen«, so heißt es, glaube ich. Nach einem anstrengenden Nachmittag war ich bei einem Freund zu Besuch, ein wunderschöner Tag im Garten, und er sagte: »Da draußen ist ein Stuhl, setz dich mal dahin und erhol dich.« Da bin ich rausgegangen mit zwei Dingen in der Hand: einem Buch und meinem Handy. Als er mich dort lesen sah in dem Stuhl, sagte er: »Du kannst auch nicht nichts tun.« Das meine ich damit.

Ich kenne exakt niemanden, der einfach nichts tut. Selbst wenn ich keiner anspruchsvollen Tätigkeit nachgehe, gucke ich trotzdem einen Film oder lese ein Buch oder surfe im Internet, das ist aber nicht »nichts tun«. Ich kenne niemanden, der sich einfach in den Stuhl setzt und nach vorn starrt.

Der (Un-)Ruhestand

 Seit 2015 bin ich im Ruhestand, bei der ESA bin ich damals im Dezember ausgeschieden. Seit Anfang 2016 bin ich selbstständig. Im Wesentlichen in drei Bereichen: Zum einen habe ich einen Lehrauftrag an der RWTH Aachen. Allerdings keine komplette Veranstaltung, sondern im Rahmen der Vorlesung Raumfahrzeugbau 1 und 2, übernehme ich immer zwei oder drei Vorlesungen pro Semester. Dabei erzähle ich überwiegend übers Shuttle. Grob geht es darum, den Studenten erst einmal vorzustellen, welche Satelliten gibt es und wie treiben die verschiedenen Anforderungen das Design. Es gibt ja beispielsweise Wettersatelliten oder Kommunikationssatelliten. Die müssen ja unterschiedlich gebaut werden. Ein Umstand, der die Anforderungen an den Bau eines Raumfahrtobjekts massiv verändert, ist, wenn Menschen an Bord sind. Denn wenn Menschen da sind, bedeutet das, dass ein Fehler viel gravierendere Konsequenzen hat als nur rein ökonomische. Einen Satelliten setzen Sie im schlimmsten Fall in den Sand und müssen dann eben einen neuen bauen. Das kann man mit Geld wiedergutmachen. Wenn Sie Menschen oben haben, können Sie bestimmte Fehler mit Geld nicht wiedergutmachen. Da muss man also anders drangehen. Sie müssen nicht nur in den technischen Systemen redundant sein, sondern auch in den Abläufen: Wie kommunizieren Sie miteinander, damit Sie wirklich sichergehen, dass auch richtig miteinander kommuniziert wurde (→ Seite 105 ff.).

Man fragt sich ja immer, besonders jetzt im (Un-)Ruhestand: Würdest du dein Leben noch mal genauso leben wie bisher? Die spontane Antwort ist: ja, natürlich. Ich würde nichts anders machen. Aber wenn man mir sagt: Jetzt denk mal wirklich ganz genau nach, dann fallen einem schon ein paar wenige Sachen ein. Eine davon: Ich würde wirklich gern ein Musikinstrument lernen.

Eine Klarinette habe ich, spiele sie aber nicht gut genug. Ob die Klarinette wirklich mein Instrument ist, weiß ich auch nicht. Meine Eltern hatten mich in der Musikschule für die Violine angemeldet, weil mein Vater Violine spielte. Mein Patenonkel übrigens auch, sehr gut sogar, auf Kammermusiklevel. Mein Vater bezeichnete sich immer als Waisenknaben, verglichen mit seinem großen Bruder, was die Violine betraf. Weil wir aus einem Elternhaus kamen, das nicht so begütert war, waren wir auf Stipendien und Hilfen angewiesen. Gerade als wir nach zwei, drei Jahren Wartezeit einen Platz an der Musikschule zugesprochen bekommen hatten, in Lahr im Schwarzwald, da war ich 14 Jahre alt, sind wir nach Ludwigsburg verzogen. Dort stand ich dann noch einmal zwei Jahre lang auf der Warteliste. Dann war ich 16 und hatte kein Interesse mehr daran, Violine zu lernen. Zu der Zeit erschienen andere Dinge wichtiger. Heute bedauere ich das. Ich versuche es manchmal noch, richtig zu lernen, bin dabei aber zu undiszipliniert. Als ich während meiner Zeit am Europäischen Institut für Weltraumpolitik (ESPI) in Wien war, habe ich Unterricht genommen bei einem professionellen Klarinettenlehrer, Libor Havelka, und habe zumindest das Motiv der 9. Symphonie von Dvořák, den langsamen Satz, gespielt. Libor schaute mich hinterher an und sagte: »Du spielst zwar nicht, was auf dem Blatt steht. Aber du hast eine Idee, und lass dir die um Himmels willen nicht nehmen, es war wunderbar!« Bei meinen musikalischen Fähigkeiten ist also viel Luft nach oben. Aber dieses Beispiel zeigt, dass ich mich mit der Musik schon selbst zum Ausdruck bringen kann. Vielleicht nehme ich mir also künftig mehr Zeit, um diesen Traum auch noch zu verwirklichen.

12

Völlig losgelöst

┌─ BORDTAGEBUCH – 10.2.2000 ──────────────────────────┐

Wir, das sind Janet, Kevin und ich, kommen gerade vom »night view-
ing« zurück. Es ist ein beeindruckendes Erlebnis. Das Shuttle steht frei
auf der Startrampe, die Serviceplattform ist zurückgerollt. Dutzende
Scheinwerfer strahlen die Endeavour an. Über uns wölbt sich ein klarer
Sternenhimmel. Morgen werden wir zu diesem Sternenhimmel gehören und die Erde als ein heller Stern umkreisen. Ich versuche, mich hin-
aufzudenken, versuche, mir vorzustellen, wie es sein muss, auf die Erde
zu sehen, aber es will mir nicht gelingen. Morgen werde ich es wissen.

└───┘

Flugangst?

 Manchmal werde ich gefragt, ob ich denn keine Angst
hätte, ins All zu fliegen. Schließlich könne ja auch etwas
schiefgehen. Natürlich habe ich die Challenger-Bilder
von 1986 und die Columbia-Bilder von 2003 im Kopf.
Dass beim Columbia-Unglück der beste Freund meines
Vaters, Willie, ums Leben gekommen ist, ging uns allen sehr nah.

Beim Start sitzt man auf einer gewaltigen Menge Treibstoff, das Potenzial, dass etwas schiefgeht, ist da. Es wäre wohl eher ungewöhnlich, überhaupt keine Angst davor zu spüren. Immerhin: Bei unserem ersten Training in Russland versicherte uns ein routinierter Kosmonaut, dass alle beim Start Angst hätten – das sei vollkommen normal, deshalb gäbe es ja auch ein klitzekleines bisschen Wodka. Verifizieren konnte ich die Geschichte noch nicht, halte es aber auch nicht für unrealistisch.

Letztlich ist Angst aber nur ein Gefühl, und dem kann ich aktiv begegnen, indem ich rational vorgehe und mich versichere, dass alles nach Plan verläuft. Bei der täglichen Autofahrt lassen wir uns ja auch immer wieder auf das Risiko eines Unfalls ein, sogar im Vergleich zu anderen Verkehrsmitteln auf ein ziemlich hohes. Der Unterschied zur routinemäßigen Autofahrt besteht für mich darin, dass es sich bei einem Raumflug um ein besonderes Ereignis mit hoher Emotionalität handelt. Das geht auch anderen so, und zwar so weit, dass auch ein kleines bisschen Aberglauben in die Astronautencommunity Eingang gefunden hat. So hat der erste Mensch im All, Juri Gagarin, vor seinem Flug den Bus, der ihn zur Rakete bringen sollte, anhalten lassen, weil er unbedingt noch einmal Wasser lassen musste – gegen einen der hinteren Busreifen. Weil dieser Flug reibungslos verlief, machen das laut anderen Astronauten einige Crews, die vom Weltraumbahnhof Baikonur aus starten wollen, ganz genauso. Als Astronautin würde man einfach einen Beutel mit Urin ausleeren.

Auch in den USA gibt es kleine Rituale. Weil bei einer der ersten Apollo-Missionen wohl eher zufällig Erdnüsse auf dem Tisch standen, müssen sich seither bei jedem NASA-Start welche in der Snackschüssel befinden. Klingt lustig, hat aber auch eine kleine Spur von Galgenhumor, weil viele Astronauten eben doch auch ein bisschen Bammel haben. Und Rituale helfen gegen die Angst, das ist bei Astronauten nicht anders als bei kleinen Kindern.

Meine Kinder haben mich auch schon ganz konkret gefragt: »Mama, kannst du sterben, wenn du ins All fliegst?« Die Möglichkeit habe ich bejaht, zumal sie auch schon Bilder von verunglückten SpaceX-Starts gesehen hatten.

Mein Mann und ich wissen, es gibt bei diesem Unterfangen ein Risiko, das wollten wir nicht einfach verheimlichen. Wir fänden es falsch, den Kindern zu versichern: »Natürlich kommt Mama wieder nach Hause.« Aber ich kann ihnen schon vermitteln, dass mir Sicherheit sehr wichtig ist. Und dass ich das Risiko, dass heutzutage noch einmal etwas wie bei Challenger oder Columbia passieren würde, für eher gering einschätze.

Papas Start ins All

 Als mein Vater geflogen ist, war ich 16 Jahre alt. Natürlich hatten wir beim Start Angst um ihn und die Crew, besonders in dem Moment, als die Triebwerke zündeten. Man steht da und weiß, das ist jetzt einer der gefährlichsten Momente – und man kann nur zuschauen. Und hat parallel dazu die Challenger-Bilder im Kopf. Ich hielt meine kleine Schwester im Arm, meine Mutter stand mit meinen Brüdern direkt neben mir, als das ganze Dach mit dem Zünden der Solid Rocket Boosters zu beben anfing. Das war schon ein prägnantes Gefühl. Zunächst sieht man nur eine riesige Qualmwolke, bis sich das Shuttle langsam von der Startrampe abhebt und beschleunigt. Nach wenigen Minuten ist schon nichts mehr zu sehen außer einer aufgebrachten Vogelschar, aber auch wenn bisher alles gut ging: Entwarnung gibt es erst bei MECO (Main Engine Cutoff, das Abstellen der Triebwerke) nach etwa achteinhalb Minuten, wenn das Shuttle den vorhergesehenen Orbit erreicht hat. Aber dann war Papa halt oben und machte seine Arbeit, und auf mich warteten Schule und die nächste Matheklausur.

Mein Vater war schon Tage vorher am Cape Canaveral, auch wegen der siebentägigen Quarantäne. Die Familien werden zusammen kurz vor dem Start ans Cape geflogen und rundum betreut. Meine Mutter hatte trotzdem noch eine Familienfreundin dabei, damit sie sich nicht um alles allein kümmern musste, was ich sehr vorausschauend finde. Damals als Jugendliche habe ich mir keine Gedanken darüber gemacht, dass die Situation für meine Mutter gerade emotional sehr anstrengend war. Sie hatte nicht nur die eigene Sorge um den Ehemann, sondern musste ja auch noch die Emotionen und Sorgen der vier Kinder abfangen.

Viele Leute denken, dass mich dieses Ereignis wahnsinnig geprägt haben muss. Aber es war ein zeitlich enger Rahmen, wovon im Grunde nur wenige Minuten einen tiefen Eindruck hinterlassen haben. Den Rest der Zeit musste man vor allem warten. Dann ist man halt mal in Florida, geht in den Ron Jon Surf Shop, weil das alle dort so machen, und spielt mit den anderen Astronautenkindern im Pool. Man sitzt nicht da und denkt: »Wow, für mein Vater geht gerade ein Traum in Erfüllung.« Er hatte halt darauf trainiert, und nun sollte dieser Flug eben stattfinden – vielleicht, denn oft genug verschoben wurde er ja, sodass wir nie wussten, ob es jetzt wirklich losging.

 Wenn ich mit dem Flugzeug fliege, gibt es schon Augenblicke, wo mir durch den Kopf geht: »Na, hoffentlich weiß der da vorn auch, was er tut.« Da krieg auch ich hin und wieder feuchte Handflächen. Aber bei unserem Shuttle-Start hatte ich das nicht. Natürlich fährt man zur Startrampe nicht so cool hin wie ins Kino. Man weiß genau, heute ist ein besonderer Tag. Je näher man diesem Tag kommt, umso besser scheint alles organisiert zu sein. Was natürlich nicht stimmt, vielleicht liegt dieses Gefühl daran, dass man umso konzentrierter ist, je mehr die Countdownuhr herunterzählt.

Der sogenannte »Suit up« fand für alle gemeinsam in einem Raum statt. Sechs Techniker unterstützten uns beim Anlegen des Raumanzugs. Während des Trainings hatten mein Kollege Dom und ich mit dem Anlegen meist so lange gewartet, bis wir als Letzte beginnen konnten, um dann möglichst als Erster fertig zu sein. Ganz fair war das nicht, ich bin kleiner und leichter als Dom und hatte einen kleinen Startvorteil. Im Rückblick ging unser Wettstreit dennoch ungefähr 50:50 aus. Doch am Startmorgen verzichteten wir auf unser kleines Privatduell. Denn an diesem

Tag kam es uns nicht auf Schnelligkeit, sondern auf Genauigkeit an – und ein kleines bisschen Schnelligkeit. Nach dem Austesten der Raumanzüge ging es schon mit dem silbernen Astrovan zur Startrampe. Und je länger die Fahrt dauerte und je näher der Startturm kam, umso mehr wurde man sich bewusst: Heute zählt es wirklich. Erste Schmetterlinge im Bauch.

Wir hatten diese Fahrt mit dem Bus während unseres Trainings schon öfter gemacht, zuletzt während des Terminal Countdown Demonstration Tests (TCDT), bei dem der Start bis wenige Minuten vor dem Abheben simuliert wird. Doch an diesem Tag war es etwas anders. Ganz anders.

Bis zu 14 Stunden vor dem Start werden in der Ladebucht des Space Shuttles noch letzte Arbeiten ausgeführt. Zugang zur Ladebucht haben die Techniker durch ein riesiges Stahlgerüst, das den Orbiter nahezu komplett umgibt. Deswegen kann man den Orbiter in den Wochen und Tagen vor dem Start nicht wirklich sehen. Man sieht einen riesigen orangeroten Tank, an dessen Seiten die beiden Feststoffraketen. Der Orbiter ist an der Seite auf den Tank montiert und von einem Stangenwald aus Stahl umgeben. Deswegen konnten wir beim Training das Shuttle nie so richtig sehen. Als wir mit dem Aufzug auf dem Level 195 ankamen, bot sich uns ein atemberaubender Anblick. Das Kennedy Space Center liegt in einem Naturschutzgebiet, wunderschön! Ich konnte mich an diesem Anblick nicht sattsehen.

Doch heute war Starttag. Durch das sehr intensive Training in den letzten Monaten hatten wir im Kopf einen Film einprogrammiert, der nun ablief. Insbesondere die kritischen Momente, wie der Start und die Landung, waren sehr präzise verankert. Spielte sich dieser Film erwartungsgemäß ab, so schien das Unterbewusstsein zu glauben, es wüsste, was als Nächstes kommt.

Mein Kopfkino zeigte den einprogrammierten Startfilm. Alles verlief nach Plan, wie man es sich nur wünschen kann. Wir stiegen aus dem Astrovan, begrüßten die Techniker, die uns am Aufzug erwarteten, und fuhren mit dem Aufzug hinauf zum Level 195. Ich freute mich auf den letzten Ausblick auf das Naturschutzgebiet, als der Aufzug anhielt und die Türen den Blick nach draußen freigaben.

Filmriss.

Ich blickte in einen Stangenwald, das Gerüst war natürlich zurückgerollt worden und verstellte den Blick auf das Cape. Als ich den Aufzug verließ, sah ich das Shuttle zum ersten Mal völlig frei auf der Startrampe stehen. Die Schmetterlinge, von denen einige in meinem Bauch schon vorher diskret herumgeflattert waren, flogen jetzt alle. Alle! Meine erste Reaktion war: »Das kann doch gar nicht fliegen!« Der Orbiter nicht auf der Spitze des großen Tanks, sondern an der Seite montiert, das sah wirklich grotesk aus. Natürlich wusste ich das, aber der Unterschied zwischen etwas zu wissen und es dann zu sehen und zu spüren kann ziemlich groß sein.

Das Einsteigen in die Endeavour ist genau festgelegt. Erst Kevin der Commander, gefolgt von Dom, unserem Piloten. Janice und ich waren als Nächste an der Reihe und warteten an der Brücke, die zum Shuttle führt, darauf, dass man uns heranwinken würde. Ich fragte Janice: »Sag mal, hattest du keine Angst, als du das hier das erste Mal gemacht hast?« Für sie war es die fünfte Mission. »Natürlich, was glaubst du denn?!« Da war mir klar: Was ich in diesem Moment empfinde, ist wohl ganz normal. Ich war mir nicht mehr ganz sicher, ob ich wirklich wusste, auf was ich mich da gerade einlasse. Aber die Antwort auf diese Frage wurde mir abgenommen, ich wurde in den White Room hereingewunken. Es wäre ohnehin zu spät gewesen, JETZT zu sagen, dass ich es mir anders überlegt habe.

Das Kopfkino startete wieder den Film. Der Fallschirm wurde angelegt, ein letzter Check des Anzugs. Ich hielt noch rasch ein Schild in die Kamera und grüßte meine Klassenkameraden der Astronautenklasse 16: »Go Sardines!«, und verschwand im Shuttle. Während ich mich noch auf meinem Sitz auf dem Flugdeck zurechtruckelte, wurde neben mir Janet angeschnallt. Ich hörte auf den Funkverkehr. Alles im grünen Bereich. Die

Wirklichkeit folgt dem Film bis ins Detail. Die Schmetterlinge kamen zur Ruhe. Reinhard Furrer, der zusammen mit Ernst Messerschmid die D1-Mission geflogen war, hatte mir einmal erzählt, dass genau dies passieren würde. Ich hatte ihm nicht geglaubt. Aber Reinhard hatte recht.

BORDTAGEBUCH

Flight Day 1, 11.2.2000
»Who wants to fly to space? Six seats are empty, first come - first served!« So werden wir von Kevin geweckt. Wir wissen, die Zeichen für einen Start stehen gut, der Himmel über Florida strahlt im schönsten Blau, und die immer vorhandenen offenen technischen Fragen sind ausnahmslos kleinerer Natur. Kein Grund also, den Countdown anzuhalten. Wir kennen den Ablauf der nächsten Stunden sehr genau, die letzten Vorbereitungen laufen äußerst konzentriert. Auch als der Countdown länger als die geplanten zehn Minuten angehalten wird, kommen keine Zweifel auf, dass wir heute starten werden.
Der Countdown läuft weiter. Während die Minuten herunterzählen und zu Sekunden werden, höre ich sehr konzentriert auf den Funkverkehr - alles verläuft normal. Da zünden die Haupttriebwerke, ein Rumoren und Vibrieren geht durch das Shuttle. »Wo bleiben die Feststoffraketen?«, schießt es mir durch den Kopf, aber die sieben Sekunden vom Anlassen der Haupttriebwerke bis zum Zünden der Feststoffraketen dauern länger, als ich erwartet hatte. Doch dann, als die Feststoffraketen brennen, gibt es keinen Zweifel - wir verlassen die Erde.
Der Aufstieg in den Weltraum verläuft wie geplant. Erst sehr viel später komme ich dazu, darüber nachzudenken, was in diesen achteinhalb Minuten überhaupt passiert ist. Der Blick auf die Erde erscheint zuerst unwirklich, es ist, als sähe ich einen Film. Erst als ich meinen Helm abnehme, merke ich, dass etwas anders ist: Der Helm schwebt, gerade da, wo ich ihn losgelassen habe. Wir sind in unserer Erdumlaufbahn angekommen.

Bei unserem Start lief alles nach Plan. Als die drei Haupt-triebwerke zündeten und nacheinander den vollen Schub erreichten, begann das Shuttle zu vibrieren. Acht riesige Bolzen hielten das Shuttle auf der Startrampe fest, bis alle Düsen auf ihren kompletten Schwenkbereich getestet waren. Die Crew spürte das sehr deutlich, das Shuttle neigte sich langsam nach vorn, nicht viel, aber deutlich wahrnehmbar, und schwang dann wieder zurück. In dem Augenblick, in dem das Shuttle wieder ge-nau senkrecht stand, zündeten die Feststoffraketen, und die Haltebolzen wurden gesprengt. »Donnerwetter, das hast du auch noch nicht erlebt«, schoss es mir durch den Kopf. Es war beeindruckend.

Janet und ich saßen im Cockpit hinter Kevin und Dom. Wir hatten bei-de einen kleinen Handspiegel, mit dem wir durch das obere Fenster im Shuttle zurück auf die Startrampe schauen konnten, wenn wir ihn nur geschickt genug hielten. Einmal hielt ich den Spiegel hoch, kurz nach dem »roll program«, als sich unser Shuttle nach dem Senkrechtstart in die Richtung neigte, in die wir wollten. Außer den weißen Startwolken sah man nicht viel, nur dass der Startplatz immer kleiner wurde, und zwar sehr zügig, fast wie im Zeitraffer. Ich verstaute den Handspiegel und fokussierte mich ausschließlich auf die Instrumente, die es ja abzuscan-nen und zu überwachen galt. Und die zeigten in jeder Phase genau das an, was sie zeigen sollten.

Vor dem Start lagen wir Astronauten etwa zweieinhalb bis drei Stunden auf dem Rücken auf unseren Sitzen, je nachdem wann wir eingestiegen waren. Das ist nicht gerade bequem. Wer es nicht glaubt, kann das mit der dazugehörigen Portion Zeit ganz einfach zu Hause ausprobieren: ein-fach auf einem mittleren Polster oder Teppich auf den Rücken legen und die Unterschenkel auf einem Stuhl ablegen. Und sich dann zweieinhalb Stunden nicht mehr bewegen. Wenn der Countdown bei null angekom-men ist, fühlt es sich an, als setzten sich zwei Personen mit dem gleichen Gewicht noch oben drauf. Und nach weiteren sechs bis sieben Minuten noch ein dritter. Dann ist man schon froh, wenn die achteinhalb Minuten bis zur Erdumlaufbahn vorbei sind. Es ist eher unangenehm, aber nichts, vor dem man sich fürchten müsste. Man denkt sich:»Komm, das halte ich jetzt durch.« Und dann ist da auf einmal nichts mehr, plötzlich ist man schwerelos, wirklich schwerelos. Von jetzt auf gleich. Die gefühlte Schwerkraft nimmt nicht nach und nach ab. Es ist wie bei einem gordischen Knoten, der durchtrennt wird. Schlagartig ist man von einer großen Last befreit.

Zum Glück gab es keinerlei Abweichungen vom Normalen während unseres Flugs, sodass kein Eingreifen in irgendeiner Form notwendig war. Nach acht Minuten, 36 Sekunden waren wir im All. Der Tank wurde abgesprengt, und meine erste Aufgabe war, ihn zu fotografieren, um zu dokumentieren, ob irgendwo Schäden aufgetreten waren.

Um den Tank fotografieren zu können, musste ich meinen Helm abnehmen. Ganz wie im Training versuchte ich vorsichtig, den Helm an einen Haken am Sitz des Piloten zu hängen. Janet neben mir meinte:»Just let go.« Ganz, ganz vorsichtig ließ ich den Helm los, ich befürchtete, er würde herunterfallen. Aber nichts passierte, der Helm blieb einfach genau da, wo ich ihn losgelassen hatte. Wir waren in der Schwerelosigkeit. Während Janet meinen Helm für mich in einem Netz verstaute, schwebte Janice aus dem Middeck herauf und brachte mir die Kamera.

Damit ich den Tank fotografieren konnte, musste Kevin das Shuttle auf den Rücken legen. Das ist in der Erdumlaufbahn recht einfach. Der Commander nimmt einfach die Nase immer höher, höher, höher – bis man quasi durch das normalerweise obere Fenster nach unten schauen kann. Irgendwann geriet dabei die Erde ins Blickfeld. Ich war so auf den Tank und die Einstellungen der Kamera konzentriert, dass ich die Erde nur aus den Augenwinkeln wahrnahm.»Wie im IMAX-Kino«, dachte ich.

Der Tank entfernte sich vergleichsweise rasch von uns. Wir waren nicht mehr weit von der Tag-Nacht-Grenze entfernt, und ich hatte nur wenige Minuten, um den Tank zu fotografieren. Es ist nicht ganz einfach, ein bereits kilometerweit entferntes Objekt, das sich immer weiter entfernt, mit einer 800mm-Linse scharf zu stellen und so möglichst gute Bilder zu machen, um eventuelle Schäden wirklich erkennen zu können.

Oben angekommen folgte die sogenannte »Post-Insertion-Phase«. In zwei bis zweieinhalb Stunden wurde das Shuttle umkonfiguriert und für den Betrieb im Orbit vorbereitet. Die Ladebuchttüren wurden geöffnet, zwei Kühlkreisläufe, die in den Türen verlaufen, konnten nun die Wärme in den Weltraum abstrahlen, die von den Gerätschaften an Bord und auch von uns erzeugt wurden. Ein weiterer »Orbit-burn« brachte uns in die geplante Umlaufbahn. Ab diesem Augenblick konnte nichts mehr passieren. Gleich, was geschehen würde, wir blieben nun in der Umlaufbahn. Wenn wir diese hätten verlassen wollen, hätten wir etwas tun müssen. Aber bis es so weit war, sollten ja noch elf Tage vergehen.

Weit über den Wolken

Später gab es mehr Gelegenheiten, den Ausblick auf die Erde richtig auf mich wirken zu lassen. Es gab viele, sehr verschiedene besondere Momente. Einer davon war sicherlich, als wir bei Tag über den Pazifischen Ozean flogen. Der Pazifik ist wirklich sehr groß, so groß, dass wir nichts außer Wasser sahen, obwohl unser Blickfeld in jede Richtung 2000 Kilometer maß. Und plötzlich schob sich ganz langsam ein wunderbar türkisfarbenes Atoll ins Bild. In diesem Augenblick wünschte ich mir, wir wären in der realen Raumfahrt so weit wie in den Science-Fiction-Fernsehserien. Wie toll wäre es gewesen, hätte ich jetzt meine Frau hochbeamen können, um diesen überirdisch schönen Anblick mit ihr gemeinsam zu erleben. Sie hätte erfahren, warum ich unbedingt ins All wollte. Und in dem Augenblick, in dem das Atoll aus dem Blickfeld verschwunden war, hätten wir sie wieder zurückgebeamt, einfach weil sie gern mit den Füßen auf der Erde steht.

Oft höre ich, Raumfahrt könne man nicht ohne eine gewisse Abenteuerlust betreiben. Da ist sicherlich etwas Wahres dran. Grundsätzlich braucht es für eine Raumfahrtmission eine gute Portion Neugier und Offenheit für Neues. Ich setze mich einer Erfahrung aus, ohne zu wissen, was dabei herauskommt. Die damit verbundenen Risiken versuche ich, sehr sorgfältig abzuwägen. Bin ich bereit, das einzugehen? Und wenn ja, wofür? Ich kann mir zum Beispiel nicht vorstellen, jemals Bungee zu springen. Ich kann mir schlicht nicht vorstellen, was für einen Gewinn ich dabei für mich hätte.

Ich kann aber nachvollziehen, dass das für jemand anderen etwas ganz Tolles sein kann. Meine Nichte ist zum Beispiel nach Südafrika gefahren, um dort von der Bloukrans Bridge zu springen. Mich reizt so etwas nicht. Mir geht es nicht um den Kick. Es muss schon etwas mehr dahinterstehen. Ein Raumfahrtflug ist sicher nichts Alltägliches, und ich will wissen: Kann ich das? Wir Menschen brauchen ja durchaus unsere Bestätigung. Nicht nur von außen, von anderen. Ich glaube, wir brauchen genauso Bestätigung durch uns selbst.

Der Augenblick, wenn klar wird: Wir haben es geschafft! Ich kenne wenig, was so befriedigend und befreiend zu gleicher Zeit ist. Befriedigend, weil man ein großes Ziel erreicht hat, und befreiend, weil all die Anstrengungen in diesem Augenblick vergessen sind. Es hat sich gelohnt. Im Grunde kennt das jeder, der sich schon einmal ein größeres oder komplizierteres Ziel gesteckt hat, sei es eine große Radtour oder ein handwerkliches Projekt. Dafür muss man nicht ins All fliegen.

Einer meiner Astronautenkollegen sagte einmal – und ich hörte einen Anflug von Resignation: »Meine Güte, was soll denn jetzt noch kommen, nachdem wir das erlebt haben?« – »Ganz einfach: das Leben«, entgegnete ich. Warum muss denn alles, was wir tun, immer noch getoppt werden? Ich kann mich für andere Dinge genauso begeistern. Was nicht heißt, dass ich die Chance nicht noch einmal ergreifen würde, ins All zu fliegen, wenn sie sich ergeben würde. Schon allein deswegen, weil es so viele Dinge gab, die ich dieses Mal anders machen würde.

Beispielsweise hatte ich mir vorgenommen, markante Plätze auf der Erdoberfläche zu sehen: den Mount Everest, bestimmte Städte – 30 bis 35 solcher Landmarks hatte ich mir herausgesucht, habe aber – wenn überhaupt – nur zehn davon mitbekommen. Entweder war es Nacht, wenn wir über eine Stelle flogen, oder es war wolkenverhangen, oder ich hatte es einfach verpasst, weil ich mich auf die wissenschaftlichen Aufgaben konzentrieren musste.

Es dauert eine Weile, bis man sich in der Schwerelosigkeit zurechtfindet. Die Schwerelosigkeit ist schließlich nichts, mit dem wir groß geworden sind. Zunächst ist man also sehr darauf konzentriert, sich anzupassen. Doch nach drei bis fünf Tagen war ich verblüfft, dass ich mich kaum mehr erinnern konnte, wie sich Schwerkraft eigentlich anfühlt. Es war, als hätte ich die Erinnerung daran in einer entfernten Schublade in meinem Kopf verstaut. Und die Schwerelosigkeit machte ich mir schnell zunutze. Jedes Mal, wenn ich ein Kameraobjektiv austauschen musste, schraubte ich das Objektiv von der Kamera und ließ es einfach in der Luft los. Ganz vorsichtig natürlich, damit es nicht irgendwohin wegschwebte. Dann wurde die neue Linse montiert und die alte aus der Luft gegriffen und verstaut. Manche Dinge gehen in der Schwerelosigkeit deutlich leichter von der Hand als auf der Erde.

Was mich interessiert: Wie schnell würde ich mich bei einer erneuten Mission dort oben zu Hause zu fühlen? Seit meiner Mission sind fast 20 Jahre vergangen, ich wäre beinahe wieder ein Neuling. Vielleicht aber auch nicht. Vielleicht gibt es in unserem Körper irgendein Erinnerungsvermögen, das sagt: Hier warst du schon mal.

BORDTAGEBUCH

Flight Day 2, 12.2.2000

Heute ist für unsere – die rote – Schicht der erste »mapping«-Tag. Nachdem gestern das Ausfahren des Mastes, das Ausrichten der Radarantennen und die Aktivierung des Radars noch besser als erwartet verlaufen waren, bin ich neugierig, ob die ersten Radaraufnahmen gelungen sind. Von der blauen Schicht erfahren wir, dass auch das Radar und die Recorder, soweit wir es bis jetzt beurteilen können, besser arbeiten als erwartet.

Die Mission lässt sich gut an. Ich passe mich immer besser an die Schwerelosigkeit an. Gestern Abend hatte ich Zeit für die erste richtige Mahlzeit: Was auf dem Speiseplan vorgesehen war, weiß ich nicht – ich weiß nur, wonach mir der Sinn steht: Also gab es als Vorspeise Shrimpcocktail, danach gratinierte Kartoffeln (leider ohne die schöne braune Kruste!) mit italienischen Gemüsen und zum Nachtisch Erdbeeren. Dass ich dazu keinen Wein trinken kann, kann ich angesichts des Blickes auf die Erde leicht verschmerzen.

Der Tag heute ist sehr lang, 19 Stunden. Gegen Ende muss ich mich zur Konzentration zwingen – jetzt bloß keine Flüchtigkeitsfehler. Die Kollegen im Missionskontrollzentrum passen mit auf, dass alles planmäßig verläuft. Als die blaue Schicht von uns übernimmt, »falle« ich nur noch in meine Koje. Ich schlafe wie ein Murmeltier.

Flight Day 3, 13.2.2000

Der Betrieb des Radars und das Aufzeichnen der Daten sind schon fast zur Routine geworden – wir hatten mit mehr Anlaufschwierigkeiten gerechnet. Doch unsere lange Vorbereitungszeit macht sich jetzt bezahlt: Es gibt nur kleine technische Probleme, nichts, was wir nicht in den Griff bekommen könnten.

Nur das Cold Gas System, eine kleine Düse am Ende des Mastes, aus der beständig Stickstoff strömt, gibt uns eine härtere Nuss zu knacken: Der Mast hat die Tendenz, sich aufzurichten und dadurch das Shuttle aus der Lage zu drehen, die für die Radaraufnahmen notwendig ist. Dieses Verhalten wird von dem Cold Gas System nicht wie gewünscht korrigiert, wir müssen vermehrt die Steuerdüsen des Shuttles einsetzen, um die richtige Lage im Raum beizubehalten. Das kostet mehr Treibstoff als geplant. Wir wissen nicht, ob der Treibstoff für die Lageregelung die gesamten elf Tage reichen wird oder ob uns am Ende ein paar Stunden fehlen werden. Aber wir wissen, bei der Missionskontrolle in Houston ist das Problem in erfahrenen und guten Händen. Heute hatte ich das erste Mal die Gelegenheit, unser Fahrradergometer zu benutzen. Ich bin von Skandinavien über Russland und den indischen Subkontinent nach Australien geradelt. Dazu Musik von Paul Simon, »Graceland«, eine CD, die mir ein Freund mitgegeben hat. Die Schwerelosigkeit gefällt mir immer besser ...

Flight Day 4, 14.2.2000
Das Radar arbeitet unverändert präzise. Wir bekommen die ersten Radarbilder von der Erde nach oben gespielt, und ich muss sagen, ich bin beeindruckt! Auch von der Missionskontrolle gibt es gute Nachrichten: Es zeichnen sich Möglichkeiten ab, Endeavours Treibstoff für die Lageregelung effizienter einzusetzen.

Europa haben wir von der roten Schicht bislang nur bei Nacht sehen können. Doch auch bei Nacht ist der Blick auf die Erde atemberaubend! Wir fliegen über Frankreich, das unter einer Wolkendecke liegt. Nur vereinzelt können wir den Lichterglanz einiger Städte ausmachen. Doch südlich der Alpen tut sich ein Lichtermeer ohnegleichen auf. Ganz Italien liegt vor uns, da ist Mailand, und wenn wir den Kopf nur ein wenig nach rechts drehen, sehen wir Sizilien. Schon fliegen wir an Genua vorbei, da ist Rom, und das muss Neapel sein. Es dauert keine zwei Minuten, und wir lassen Italien bei Palermo hinter uns. Während ich noch versuche, Malta und Kreta auszumachen, fliegen wir bereits über Libyen. Da stößt mich Janet an: »Sieh mal her, da hinten ist das Nildelta, Alexandria, der ganze Nil.« Und wahrhaftig, ein endloses Lichterband zieht sich nach Süden. Den Nil selbst sehen wir natürlich nicht, aber die Menschen, die sich an seinem Ufer niedergelassen haben, zeichnen mit ihren Dörfern und Städten den Fluss für uns nach. Ich frage mich, ob schon ihre Vorfahren von den Sternen geträumt haben.

Das perfekte Geschenk

 Wir Kinder durften im Vorfeld, das hatte die NASA so gefordert, jeder unserem Vater ein Geschenk mitgeben, das er dann im Shuttle öffnet. Die Vorgaben waren streng: Es durfte nur wenige Gramm wiegen, ein Papier oder etwas in der Art, und es musste natürlich etwas ganz Besonderes sein. Diese Aufgabe habe ich als Stress empfunden. Das eine, ganz besondere Etwas zu finden, was alles sagt. Möglichst nicht viel größer als ein Stück Papier.

Ich hatte nicht die geringste Ahnung, was ich tun sollte. Die Geschenke der Familienangehörigen werden auch noch von Psychologen kontrolliert. Es darf ja nichts sein, was ihn dort oben total aus der Bahn werfen würde. Deshalb durfte das Geschenk auch nicht verpackt sein. Nun sollte ich also als 16-Jährige meinem Vater etwas mitgeben, was einerseits leicht ist, aber bitte so emotionsschwanger und bedeutungsvoll, dass es ihn da oben, wo er doch eh schon die Erde von oben sehen darf und sein Traum in Erfüllung geht, zutiefst berührt. Das perfekte Geschenk eben.

Damals hatte er gerade angefangen, Klarinette zu spielen, und ich spielte Harfe. Da habe ich ihm die Noten eines Klarinetten-Harfen-Duos mitgeschickt und geschrieben: »Wenn du wieder da bist, spielen wir das zusammen.« Wir waren mit einer Familie befreundet, die spontan einfach Celli, Bratschen und Geige herausholen konnte, um oft und gern Hausmusik zu machen. Mein Vater und ich fanden das beide toll, konnten aber nicht annähernd auf diesem Niveau spielen.

Ehrlich gesagt war mir schon beim Kauf klar, dass das Geschenk eher utopisch ist. Aber ich musste halt irgendetwas mit hochschicken, da erschien mir das das kleinste Übel. Danach haben wir nie wirklich über diese Noten gesprochen, geschweige denn das Stück geübt. Dabei habe ich noch heute manchmal beim Anblick meiner Harfe ein schlechtes Gewissen wegen dieses nicht eingehaltenen Versprechens.

Viele Astronauten unternehmen vor dem Start noch einmal bewusst etwas mit ihren Kindern, möglichst einzeln. Mein Vater hat das auch probiert – aber ich finde die Vorstellung sehr eigenartig. Denn es vermittelt: Weil ich vielleicht nächste Woche sterbe, mache ich mit euch allen noch mal etwas allein.

Es kann ja jeden Tag ein tödliches Unglück passieren, auch auf dem normalen Weg zur Arbeit. Fürchtet man bei der Mission ein besonderes Risiko, dann sollte man vielleicht eher die letzten Jahre dafür gesorgt haben, dass man in Frieden gehen kann, und nicht meinen, man könne in ein zweistündiges gemeinsames Event so viel Bedeutung packen, dass dieser Punkt danach abgehakt ist. Das wirkt auf mich tatsächlich ein bisschen wie eine To-do-Liste: »Mist, jetzt muss ich noch mit jedem Kind etwas allein machen, und dann sind es auch noch so viele Kinder – wie krieg ich das denn jetzt noch hin?«

Dieses Ereignis war für mich wohl derart befremdlich, dass ich es komplett verdrängt habe. Scheinbar waren wir zusammen im Kino, obwohl wir das noch nie allein gemacht hatten – bei vier Kindern kam es ohnehin sehr selten zu Einzelunternehmungen. Und dann muss man sich plötzlich etwas suchen, was man allein macht. Dabei ist es so eine surreale Situation. Man hätte ja auch sagen können, wir machen noch mal als Familie ein schönes Wochenende. Aber selbst das wäre unangenehm gewesen, wenn die ganze Zeit diese dunkle Wolke – »Papa kann sterben, deswegen reiten wir gerade durch den Nationalpark« – über uns hängt.

Ich kann mir nicht vorstellen, dass ich das bei meinen Kindern so machen werde. Selbst für einen Erwachsenen wäre das überfordernd. Man stelle sich vor, ich sage jetzt zu meinem Mann: »Lass uns noch einmal chic essen gehen und das so richtig genießen, es könnte ja sein, dass ich nicht wiederkomme.« Der Abend würde wohl kaum unbeschwert verlaufen.

Von dieser Warte aus habe ich das noch gar nicht betrachtet und kann Insa gut verstehen. Eigentlich sollten ja 16 Jahre gemeinsamen Lebens genügend Raum für schöne Erinnerungen geschaffen haben. Ob ich das bei einer zweiten Mission noch einmal so machen würde? Eher nicht. Vielleicht ist es auch eine Altersfrage, wie die Kinder es empfunden haben. Wenn ich Insas Geschwister frage, bekomme ich andere Rückmeldungen. Was allerdings klar ist: Bei uns gab es tatsächlich sehr selten Einzelunternehmungen, insbesondere mit ihr.

Ich wusste nichts davon, dass die Familie mir ein Geschenk mitgeben würde. Deswegen war ich auch völlig überrascht, als Kevin rief, wir seien gerade an der Postboje vorbeigekommen. »Das ist für dich, Gerhard«, sagte er und drückte mir einen selbst gebastelten Kalender in die Hand. Meine Crew hatte mir vor dem Flug viel verraten, worauf ich achten solle, und mir unendlich wertvolle Tipps mit auf den Weg gegeben. Aber andere Aspekte hatten sie sorgsam ausgespart und mir gegenüber Stillschweigen bewahrt. Das Schöne an einem Neuling an Bord sei, dass ihre eigenen Erinnerungen an ihren Erstflug wieder wach würden, erklärten sie später.

Natürlich habe ich mich über den Kalender sehr gefreut. Pro Tag durfte ich nur ein Kalenderblatt umdrehen, es war sozusagen ein Countdown-Kalender, bis ich wieder zu Hause ankommen würde. Jedes Kalenderblatt war entweder mit gemalten oder gebastelten Bildern oder Gedichten gestaltet. Jedes Kalenderblatt eine Liebeserklärung.

BORDTAGEBUCH

Flight Day 5, 15.2.2000
Wir umkreisen schon seit fünf Tagen die Erde. Bislang habe ich geglaubt, dass ich mich in unserem Mitteldeck, das vielleicht zwölf Quadratmeter groß ist, gut auskenne. Schließlich halten wir uns dort jeden Tag drei bis vier Stunden auf, nicht gerechnet die Zeit, in der wir

schlafen. Doch als ich mit dem Kopf voran vom Flightdeck hinunter ins Mitteldeck schwebe, erlebe ich eine große Überraschung. Ich sehe hinauf zur Decke und entdecke dort stattdessen den Fußboden. Zu meinen Füßen finde ich die vormalige Decke. Stehe ich etwa auf dem Kopf? Nein! Ich fühle keinen Unterschied zu sonst. Ich bin ganz einfach in einem neuen Raum. Bald finde ich mich in diesem Raum genauso zurecht wie im »gewohnten« Mitteldeck. Kevin hat mir dieses Erlebnis wenige Wochen vor unserem Flug vorhergesagt. Ich weiß, ich bin in der Schwerelosigkeit angekommen.

Flight Day 6, 16.2.2000
Von der Missionskontrolle gibt es gute Nachrichten: Es gibt einige Möglichkeiten, Treibstoff für die Lageregelung einzusparen. So verteilen wir zum Beispiel den täglichen »Water Dump«, wobei überschüssiges Wasser in den Weltraum abgelassen wird, auf drei bis vier kleinere dumps pro Tag. Dabei entsteht jedes Mal ein kleiner Rückstoß, der zufällig so gerichtet ist, dass wir unsere Lageregelungsdüsen schonen können. Manchmal braucht man einfach etwas Glück! Morgen soll die endgültige Entscheidung fallen, ob wir wie geplant für elf Tage im Orbit bleiben werden. Wir sind alle sehr optimistisch.

Flight Day 7, 17.2.2000
Unser Flug wird wie geplant zu Ende geführt. Das hat der NASA Missionsmanager heute entschieden, nachdem das Bodenkontrollteam einen Plan erstellt hatte, wie wir mit dem Treibstoff für die Lageregelung bis zum Missionsende auskommen können. »There are six smiling faces up here«, beantwortet Kevin den Funkspruch, als die Bodenkontrolle in Houston uns die Entscheidung übermittelt.
Die Schwerelosigkeit gibt täglich Anlass zu Überraschungen. Seit Beginn der Mission bin ich drei Zentimeter gewachsen! Damit habe ich unseren 15-jährigen Sohn wieder eingeholt. Doch er muss sich keine Sorgen machen: Wenige Stunden nach der Landung werden die alten Verhältnisse wiederhergestellt sein.

Alltag im All

Ein Shuttleflug dauert je nach Art der speziellen Aufgabe eineinhalb bis zweieinhalb Wochen und ist mit der Landung vorbei. Das bedeutet, dass alle Aufgaben, die bis zur Landung nicht erledigt sind, auch unerledigt bleiben. Nur einmal in der Geschichte des Shuttles ist ein Flug wiederholt worden, weil aufgrund eines technischen Defektes eine Brennstoffzelle, die der Stromversorgung dient, aus Sicherheitsgründen abgeschaltet werden musste und der ursprünglich für 15 Tage geplante Flug bereits nach vier Tagen abgebrochen wurde.

Weil man Dinge nicht einfach aufschieben kann und Liegengebliebenes kaum wiederholt werden wird, ist der Alltag im Shuttle streng durchgetaktet. Unsere Aufgabe war es, die Erde neu zu vermessen. Unser Messgerät, ein sogenanntes »Radarinterferometer«, arbeitete rund um die Uhr und damit auch die Crew. Wir sechs teilten uns in zwei Schichten ein: Kevin, Janet und ich bildeten die rote Schicht, Dom, Janice und Mamoru die blaue. Zu den zwölf Stunden Schichtdienst kam noch Zeit für die Übergabe zwischen der roten und blauen Schicht und unterschiedliche Hausarbeiten wie Filterwechsel – und schon war man 15 Stunden am Tag beschäftigt. Jeden Tag der Woche, elf Tage lang … Allerdings hatten wir auch Verschnaufpausen. Über den Ozeanen war das Radarinterferometer nicht regelmäßig in Betrieb, sodass es immer wieder einmal eine kleine Pause gab, insbesondere wenn wir über den Pazifik geflogen sind.

Nach 15 Stunden Arbeit bleiben vom Tag noch neun Stunden übrig. Anfänglich habe ich acht Stunden geschlafen, zum Schluss der Mission wurde das immer weniger. Das lag zum Teil daran, dass ich Tagebuch geschrieben habe. An manchen Tagen flossen die Worte leichter aus der Feder, an anderen ließen sie sich Zeit, viel Zeit. Ich versuchte, jede Nacht mindestens sechs Stunden zu schlafen. Mit Ausnahme der letzten Nacht, da waren es nur etwa fünf, weil es am nächsten Tag ohnehin nur zur Erde zurückging.

An Bord hatten wir Schlafkojen, gerade groß genug, um darin einen Schlafsack festzuzurren. Wir nannten diese Kojen einfach Särge: Wenn man die Schiebetür komplett schloss, war es drinnen noch dunkler als dunkel und verflixt eng. Ich möchte nicht wissen, wie Dom und Kevin sich darin gefühlt haben, die beiden sind deutlich größer als ich. Ich jedenfalls ließ die Schiebetür immer einen kleinen Spalt offen, damit noch ein Quäntchen Licht hereinfiel. Wer weiß schon im Voraus, was man heute Nacht träumt.

Die erste Nacht in meiner Schlafkoje, die ich mir mit Mamoru teilte, werde ich wohl nie vergessen. Ich hatte Rückenschmerzen ohne Ende und machte kaum ein Auge zu. Die Wirbelsäule dehnte sich aufgrund der fehlenden Schwerkraft aus, und die Muskeln, insbesondere im Lendenbereich, wehrten sich gegen diese Zwangsdehnung. Immer wieder massierte ich meinen Rücken, so gut es eben ging, und hoffte, dass bald der »Tag« anbrechen würde. Das Aufstehen also, oder noch besser: das Aufschweben. In den ersten Stunden bin ich diese drei Zentimeter gewachsen und habe das überdeutlich gespürt.

Als endlich die Zeit zum Aufstehen kam, schlüpfte ich sofort raus aus meinem Schlafsack. Ich muss einigermaßen bemitleidenswert ausgesehen haben mit meinen Händen, die, so gut eben möglich, meinen Rücken durchwalkten. Janet, die über mir geschlafen hatte, war noch in ihrer Koje: »Problems?« Ich habe noch nicht einmal genickt. Sie packte mich am Schlafittchen und schob mich sachte Richtung Decke. Erstaunlich, wie leicht manche Dinge in der Schwerelosigkeit gehen! »Halt dich fest!« Und mit dieser Ansage massierte sie mir den Rücken, wie ich es nie zuvor gespürt habe. Nach zehn Minuten war der Spuk vorbei.

Alle Astronauten wachsen in der Schwerelosigkeit, einige kommen damit besser zurecht als andere. Vielleicht weil ihr Körper trainierter ist, ich weiß es nicht. Ich habe jedenfalls großes Glück gehabt, dass ich nach Janets Massage kuriert war. Andere haben ein halbes Jahr lang Rückenschmerzen. Zum Glück bin ich von Kopfschmerzen verschont geblieben, manche sollen die ganze Zeit lang daran leiden, wenn sie für sechs Monate auf der Raumstation sind.

Die Erklärung für den Kopfschmerz ist die Flüssigkeitsverschiebung, die unmittelbar bei Eintritt der Schwerelosigkeit einsetzt. Unser Körper besteht zu ungefähr 60 Prozent aus Wasser. Das meiste Wasser ist in unseren Zellen gebunden, aber ein guter Teil befindet sich zwischen den Zellen und ist frei verschiebbar. Auf der Erde zieht die Schwerkraft dieses verschiebbare Wasser vornehmlich in den unteren Körperbereich, also Beine und Lenden. Sind die Triebwerke abgestellt, verteilt sich das Wasser praktisch auf der Stelle gleichmäßig im ganzen Körper. Das fühlt sich an, als hätte jemand eine Pumpe in den Beinen angestellt und das Wasser würde von unten nach oben gepumpt. Es war ein richtiger Flüssigkeitsstrom, der durch meinen Körper ansetzte. Nach etwa einer Minute hörte dieser Strom dann auf. Diese Veränderung konnte man auch sehen, fast alle bekamen wir ein aufgedunsenes Gesicht. Mein Bruder schrieb mir per Mail: »Bleib, wo du bist, du siehst mindestens zehn Jahre jünger aus.« Allerdings: Weil das Wasser in den Beinen fehlte, sahen diese aus wie Storchenbeine, ganz dünn.

Für das Wohlbefinden ist der Flüssigkeitshaushalt besonders wichtig. Weil sich auch der Salzhaushalt verändert, muss man verstärkt auf ausreichende Flüssigkeitszufuhr achten. Klaus, mein Flugarzt, sagte mir unmissverständlich: »Egal, ob du durstig bist oder nicht, du trinkst jeden Vormittag drei Beutel Wasser und jeden Nachmittag ebenso.« Das waren insgesamt fast drei Liter, zusätzlich zu dem, was wir an Flüssigkeit ohnehin mit unserer Nahrung aufnahmen. Ich hielt mich ganz brav daran, und mir ging es blendend.

Auch das Temperaturempfinden verändert sich. Meine Wohlfühltemperatur liegt tagsüber normalerweise bei 21/22 °C, nachts deutlich weniger. Im Shuttle empfand ich selbst 24 °C noch immer als kühl und als untere Grenze des Angenehmen. Deswegen trug ich stets eine lange Hose. Es gibt kein einziges Bild von mir in kurzer Hose auf dem Shuttle. Das Temperaturempfinden hängt natürlich von persönlichen Faktoren ab. Kevin ist mindestens einen Kopf größer als ich und deutlich kräftiger. Und da der Commander die Temperatur bestimmt, denn er muss sich wohlfühlen, einigten wir uns auf 22 bis 24 Grad. Janet ging es wie mir: Wir beide hatten eigentlich immer einen Pullover an.

Eine weitere deutliche Veränderung zeigte sich in meinem Essverhalten. Mir schmeckte in der Schwerelosigkeit längst nicht das Gleiche wie auf der Erde. Ich bin normalerweise sehr süß veranlagt und kann an Schokolade kaum vorbeigehen. Deswegen hatte ich fünf Tafeln Schokolade dabei, die ich aber in den ersten sieben Tagen noch nicht einmal anfasste. Ich hatte einfach keinen Bedarf nach Süßem. Stattdessen liebte ich alles, was herzhaft war: pikante und kräftige Speisen. Was mich am meisten überraschte: Ich aß weit mehr als normalerweise auf der Erde. Soviel ich weiß, gibt es dafür keine schlüssige Erklärung. Es geht auch längst nicht allen so. Im Gegenteil: Bis zu 70 Prozent der Astronauten essen im All weniger als auf der Erde. Dafür könnte man die naheliegende Erklärung heranziehen, dass der Körper weniger Kalorien verbraucht, weil er sich in der Schwerelosigkeit mit deutlich weniger Aufwand bewegen kann. Etwa 20 Prozent der Astronauten essen in etwa gleich viel im All wie auf der Erde – und zehn Prozent aus unerfindlichem Grund mehr. Und zu diesen zehn Prozent gehörte ich also. Nach nur acht Tagen hatte ich schon alle Portionen verputzt, die eigentlich für 13 Tagen reichen sollten – ich spreche hier also von *deutlich* mehr essen.

Das Essen im Shuttle war schnell zubereitet. Die meisten Mahlzeiten werden auf der Erde dehydriert. Wir mussten dann nur noch die entsprechende Menge Wasser zufügen, über einen einfachen Apparat mit integrierter Spritze, und das Essen erwärmen. 20 Minuten später hatte man eine durchaus akzeptable Mahlzeit vor sich: Makkaroni mit Käse beispielsweise oder Chicken Teriyaki. Mein Lieblingsessen waren Shrimps in Meerrettichsoße, die hätte ich fortlaufend essen können. Mir schmeckte es gut, fast wie zu Hause. Nur als ich Jahre nach meiner Mission noch einmal die Gelegenheit hatte, ein Shuttle-Essen zu probieren, das auch auf meinem

Speiseplan gestanden hatte, wunderte ich mich sehr, warum mir das damals geschmeckt haben sollte …

Auf dem Shuttle wird Fitnesstraining nicht ganz so groß geschrieben wie auf der Raumstation. Wir hatten ein Fahrradergometer an Bord, Vorrang hatten natürlich Kevin und Dom, unsere Piloten, weil beide besonders fit sein mussten, wenn es zurück zur Erde ging. Ich bin in den elf Tagen dreimal auf dem Ergometer geradelt. Bei einer so kurzen Mission wie der unseren ist das gesundheitlich nicht so entscheidend wie bei einem langen Aufenthalt auf der ISS. Man kann sich fragen, warum wir überhaupt trainieren müssen, weil wir nur eine geringe Muskelkraft brauchen, um uns zu bewegen. Ich vergleiche das gern mit dem Rennsport. Ein Formel-1-Fahrer braucht zwar nicht riesige körperliche Kräfte, um seinen Rennwagen durch die Straßenschluchten von Monaco oder über einen anderen Rennkurs zu steuern. Dennoch gehört das Arbeiten mit Gewichten zu seinem regelmäßigen Fitnessprogramm. Auf der ISS gibt es ein sehr intensives Fitnessprogramm, ein Laufband und eine Art Mucki-Bude, salopp formuliert. Das wirkt zum einen Knochen- und Muskelabbau entgegen. Es hilft aber auch, mental fit zu bleiben, wenn der Körper gut in Schuss ist.

International Space Station (ISS)

Die internationale Raumstation kreist mit einer Geschwindigkeit von 28.000 Stundenkilometern in rund 400 Kilometern Höhe um die Erde. Ihre Einzelteile wurden seit 1998 Stück für Stück ins All geschickt und dann vor Ort miteinander verbunden. Bis heute wird sie immer wieder durch weitere Module erweitert. Seit dem Jahr 2000 wohnen ständig Astronauten an Bord der ISS. Bislang haben 230 Personen die ISS besucht, 108 von ihnen absolvierten einen oder mehrere Langzeitaufenthalte dort. Als Vertreter der Wissenschaftler forschen die Astronauten an Bord an einer Vielzahl von Fragestellungen und Experimenten. Kommandant der ISS ab September 2018 ist der deutsche ESA-Astronaut und Geophysiker Alexander Gerst.

Die Hygiene im All verläuft etwas anders als auf der Erde. Es gibt keine Weltraumdusche, obwohl es im Shuttle genügend Wasser gäbe, das ja als Abfallprodukt der Stromerzeugung in den Brennstoffzellen entsteht. Also verwenden wir oben feuchte Handtücher zur körperlichen Reinigung. Natürlich gibt es keine Waschmaschine. Man muss also genügend Kleidung für die Missionsdauer einpacken. Weil aber jedes Gramm zählt, darf man nicht so viel packen wie beispielsweise für den Sommerurlaub auf einer kanarischen Insel. Auf dem Shuttle hatten wir es vergleichsweise gut, es gab jeden Tag frische Unterwäsche und ein Poloshirt.

Blick aus dem Fenster

Wer den Nachthimmel aus einer Umlaufbahn betrachtet, kann nur einen wesentlichen Unterschied zu dem gewohnten Blick von der Erde aus feststellen. Die Sterne funkeln nicht mehr, sie leuchten einfach als stetige Lichtpunkte. Das Funkeln der Sterne entsteht durch unsere Erdatmosphäre. Da die Luft nie absolut ruhig ist, bewegt sich auch der Lichtstrahl auf seinem Weg durch die Atmosphäre ganz leicht hin und her. Das sehen wir als Funkeln. Die Luftbewegungen werden auch als »seeing« bezeichnet. Da es im All keine Atmosphäre gibt, gibt es auch kein seeing – die Sterne leuchten ruhig.

Ansonsten unterscheidet sich der Anblick von Sonne und Mond nicht von dem Anblick von der Erde aus. Das Shuttle oder die Raumstation umkreisen die Erde in einer Höhe von etwa 400 Kilometern. Der Mond, unser nächster Himmelskörper, ist immerhin 400.000 Kilometer weg. Damit verglichen sind wir auf unserer Erdumlaufbahn im Promillebereich. Hinzu kommt, dass die Entfernung des Mondes von der Erde zwischen 360.000 Kilometern und 400.000 Kilometern schwankt. Deswegen macht es überhaupt keinen Unterschied, wenn wir unseren Standort um gerade einmal 400 Kilometern verändern.

Aus einer niederen Erdumlaufbahn kann man zwar gut die Erdkrümmung sehen, aber nicht den ganzen Globus. Unser Gesichtsfeld betrug etwa 2000 Kilometer. Um die Erde als Ganzes zu sehen, muss man sehr viel weiter weggehen, bis zum geostationären Orbit in mehr als 36.000 Kilometern Höhe.

BORDTAGEBUCH

Flight Day 8, 18.2.2000
Heute liegt ein langer »ocean pass« vor uns. Über den ganzen pazifischen Ozean hinweg, vorbei an Feuerland in den Südatlantik hinein. Da über dem Ozean keine Radaraufnahmen gemacht werden, gibt es für uns eine kleine Pause.
Es ist Nacht. Kevin, Janet und ich schauen jeder aus einem Fenster. Der fast volle Mond taucht das Schwarz unter uns in ein unwirkliches Licht. Da reflektieren Wolkenfelder das Mondlicht. Aber es ist kein stetiges Licht, das uns die Erde zurückstrahlt, es springt hin und her, wird plötzlich heller. Irrlichter. Keiner spricht ein Wort. Jeder hängt seinen Gedanken nach. Erst in Afrika treffen wir wieder auf Land. Vereinzelt tauchen Lichtpunkte auf, Dörfer, Städte. Dann geht die Sonne auf.

Flight Day 9, 19.2.2000
Afrika ist in der Nacht leicht zu erkennen: Es toben dort die heftigsten Gewitter. Überall blitzt Licht auf und erstreckt sich in langen Bändern, wie in einer Kettenreaktion, oft über Hunderte von Kilometern. Doch heute sehe ich Afrika zum ersten Mal bei Tage. Von Süden kommend erscheint uns Afrika rot, darin Australien ähnlich, doch dann entdecken wir Grün und das Ockergelb der Sahara. Teile des Kontinents sehen wir wie durch einen Schleier, wir vermuten, dass dafür auch die Brandrodungen verantwortlich sind, die wir aus der Erdumlaufbahn deutlich beobachten können.

Da überfliegen wir bereits den Nil, vor uns liegen Kairo, Alexandria und das gesamte Nildelta. Keine Minute später sind wir in Israel, dort ist das Tote Meer, hier der See Genezareth.

Die Kamera habe ich schon lange zur Seite gelegt. Ich will nur aus dem Fenster schauen.

Flight Day 10, 20.2.2000

Heute ist unser letzter »mapping«-Tag. Die Missionskontrolle in Houston hat uns grünes Licht für zusätzliche neun Stunden Radaraufzeichnungen gegeben. Die Wissenschaftler freuen sich, dass sie letzte Lücken füllen können.

Es zeichnet sich ab, dass unsere Mission ein Erfolg werden wird. Wir passen auf, dass die letzten Stunden so gut verlaufen wie die ersten neun Tage. So ähnlich muss es einer Fußballmannschaft ergehen, die in der Nachspielzeit nicht noch durch ein unnötiges Tor um die Früchte eines guten Spiels gebracht werden will.

Als wir der blauen Schicht für die letzten Stunden übergeben, wissen wir, dass am nächsten Tag das Radar abgeschaltet sein wird.

Mir wird klar, dass wir wieder zur Erde zurückmüssen.

Flight Day 11, 21.2.2000

Nachts werde ich durch halblaute Stimmen wach. Der Mast fährt nicht vollständig in den Kanister zurück. Die Kälte des Weltraums hat die Kabelbäume versteift. Wir schalten spezielle Heizer ein, die die steifen Kabel erwärmen sollen. Beim zweiten Versuch haben wir Glück: Der Mast fährt vollständig zurück, die Laschen schließen sich. Alle atmen erleichtert auf: Wir müssen den Mast nicht absprengen!

Der Stundenplan für heute ist leicht. Wir beginnen aufzuräumen, verstauen, was nicht mehr gebraucht wird. Doch die meiste Zeit verbringe ich am Fenster: Ich nehme mir Zeit für die Sonnenauf- und Sonnenuntergänge. Mir ist, als sähe ich sie zum ersten Mal.

Zurückkommen

Eines der Rituale rund um die Raumfahrt ist das Bemalen eines Whiteboards, während der Launch des Shuttles vorbereitet wird. Das machen die Familienmitglieder – und es ist das Erste, was die Astronauten sehen, wenn sie wieder zurückkommen. Wir haben das Patchbild unseres Vaters daraufgemalt. Bei seiner Mission symbolisiert jeder Stern darauf ein Kind.

Weil die Crew insgesamt so viele Kinder hatte, gab es ein großes Gerangel. Wir waren 15 – 15 Kinder malen zusammen auf einem kleinen Whiteboard. Ich glaube, wenn man nur vier Erwachsenen eine solche Aufgabe geben würde und nicht viel Zeit dazu, könnte das auch schon kritisch werden. Es ist ja auch etwas, was in Teambuilding-Seminaren als Übung durchgeführt wird. Und dann hatten wir noch den Druck, dass dieses Bild ganz besonders toll werden musste.

Wir Älteren waren also darauf bedacht, etwas künstlerisch Wertvolles zu schaffen, und die Vierjährige wollte es halt einfach vollkritzeln. Mit dieser Aufgabe haben wir uns beschäftigt, während mein Vater vor dem Start in seinen Raumanzug gestiegen ist. In der Hoffnung, dass er sich darüber ganz besonders freuen würde, wenn er wiederkommt.

Als der Rückflug anstand, hatte ich gemischte Gefühle. Ich freute mich darauf, meine Familie wiederzusehen, und wäre doch so gern noch länger im All geblieben. Und nicht nur einen oder zwei Tage länger. Im Jahr 2000, also während meiner Mission, war die Raumstation noch in ihren allerersten Anfängen. Regelmäßige Flugmöglichkeiten für europäische Astronauten existierten zu dieser Zeit noch nicht. Und aufgrund dieser Situation war die Frage »Ist das jetzt mein letzter Flug, oder kommt da noch was?« nicht so weit entfernt.

Als der Mast zurückgefahren und die Radaranlagen abgeschaltet waren, war klar: Es geht zurück zur Erde. Das Einpacken und Fertigmachen für die Rückreise zur Erde ist ein bisschen wie bei einem schönen Urlaub. Auch da habe ich manchmal das Gefühl: Wäre es nicht schön, wenn ich noch eine Woche bleiben könnte?

BORDTAGEBUCH

Landing Day, 22.2.2000
Die Endeavour verwandelt sich wieder in ein Raumfahrzeug. In den vergangenen Tagen hatten Computer und wissenschaftliche Apparaturen das Bild bestimmt. Doch jetzt bereiten wir uns auf die Landung vor.

Im Middeck sieht es aus wie in einem Bekleidungsgeschäft. Unsere orangefarbenen Launch-and-Entry-Suits sind säuberlich aufgereiht, Helme, Handschuhe und Schuhe schweben griffbereit. Janice und ich helfen der Crew beim Anlegen der Raumanzüge. Wir sind bereit für den Deorbitburn, die Bremszündung.

Der Wiedereintritt in die Erdatmosphäre ist lauter, als ich erwartet hatte. Es ist, als ob ein Flugzeug neben uns starten wollte und minutenlang mit vollem Schub auf der Startbahn stünde. Erst als heftiges Rütteln – danke, Kevin, für die Vorwarnung! – anzeigt, dass wir unter die Schallmauer abgebremst haben, wird es leiser. Im Middeck können wir den Landeanflug nicht sehen. Aber wir verfolgen gespannt die Stimmen im Cockpit und wissen genau, wo wir sind: »10.000 feet – runway in sight« – »3000 feet – preflare« – »2000 feet – arm the gear« – »500 feet – gear down, please.« Es ist wie im Simulator, es stimmt einfach alles. Das Aufsetzen auf die Landebahn merke ich kaum. »Wheelstop, Houston.«

Janice und ich schnallen uns von den Sitzen los. Beim Aufstehen merke ich, dass Erdschwerkraft tatsächlich etwas mit Schwere zu tun hat. Wir stehen etwas unsicher auf den Beinen, irgendetwas zum Festhalten ist stets in Reichweite. Die ersten Gesichter winken durch das

Fenster in der Ausstiegsluke zu uns herein. Es sind lachende Gesichter.

Wir kriechen durch die Ausstiegsluke, Hände strecken sich uns entgegen, helfen uns beim Aufrichten. Jemand reicht mir eine Wasserflasche, Schulterklopfen, Umarmen. »Congratulations.« – »Well done.«
Wir tauschen unsere schweren Launch-and-Entry-Suits gegen leichtere Flight Suits. Beim anschließenden Crew-Walkaround fühle ich eine tiefe Verbundenheit mit unserer Raumfähre Endeavour. She sure was a wonderful ship!

Ein Bus bringt uns zurück zum Astronaut Crew Quarter. Als sich die Türen des Aufzuges im dritten Stock öffnen, stehen unsere Familien da. Es ist ein Umarmen und Drücken, ein Lachen und Weinen und Nicht-mehr-loslassen-Wollen.

Die ersten medizinischen Untersuchungen warten auf uns. Ich bin müde und möchte nur noch schlafen. Doch als wir endlich mit unseren Familien im Hotel angekommen sind, zieht es mich hinaus. Mit meiner Frau mache ich noch bis weit nach Mitternacht einen Spaziergang am Strand. Ich merke keine Müdigkeit und keine unsicheren Beine. Wir schauen hinaus über den Atlantik, schwarze Wogen rollen unablässig an den Strand. Der Himmel zieht sich zu, doch durch eine Wolkenlücke leuchtet uns ein Stern. Ich weiß, ich bin wieder auf der Erde.

13

Aufs Fliegen warten

Familienausflug ins All?

 Enzo Ferrari antwortete auf die Frage eines Journalisten, welches sein Lieblingsauto sei, von den vielen, die er entwickelt hatte: »Das Nächste.« Die Antwort finde ich großartig. In die Astronautensprache übertragen, heißt das, die nächste Mission ist die beste. Aber wie realistisch ist es, in meinem Alter von mittlerweile 65 Jahren noch von einem Raumflug zu träumen? John Glenn hält den Rekord als ältester Mensch im All. Er war 77 Jahre alt, als er 1998 mit der Raumfähre Discovery neun Tage lang die Erde umkreiste. Das waren mehr als 36 Jahre nach seinem ersten und bisher einzigen Raumflug: 1962 umkreiste er als erster US-Astronaut die Erde, dreimal in seiner Mercury-Kapsel Friendship 7. Ich habe John Glenn bei verschiedenen Gelegenheiten getroffen, zuletzt 2012 in Washington. Seine strahlend blauen Augen werden mir immer in Erinnerung bleiben. 2016 ist er im hohen Alter von 95 Jahren verstorben.

Story Musgrave, der einzige Astronaut, der mit allen fünf Shuttles ins All flog, war bei seinem letzten Flug auch schon 61 Jahre alt. Also scheint die Ziffer Sechs vorn im Lebensalter kein Hinderungsgrund für einen Raumflug zu sein. Meine geheime Hoffnung ist ja, dass Insa sagt: »Ich fliege natürlich ins All, aber nur wenn Papa mitkommt.« Familienleben im Weltall, das hätte doch was. Aber ich glaube nicht, dass sie das ernsthaft erwägt. Vielleicht müsste ich da mal bei ihr vorfühlen.

Mit der eigenen Familie ins All zu fliegen, wäre sicher eine ganz besondere Erfahrung und würde möglicherweise auch neue Erkenntnisse über soziale Interaktionen in diesem Kontext liefern. Allein die Tatsache, dass ich für das Training ausgewählt wurde, bringt meinen Vater und mich bei gewissen Themen schon enger zusammen. Wir unterhalten uns nun viel über die Zeit, in der er trainiert hat und geflogen ist. Manche Sachen hatte ich damals gar nicht genau mitbekommen und kann auch Situationen und Hintergründe aus meiner heutigen Erwachsenenperspektive anders einschätzen. Ein gemeinsamer Flug würde sich auch schon aus rein pragmatischen Gründen anbieten. Immerhin sind wir beide so schön klein – 170 und 160 Zentimeter, da passen wir beide gut in die Kapseln hinein.

Plötzlich auf der Ersatzbank

Als Astronaut*in muss man immer darauf gefasst sein, dass es auf dem Weg ins All große Umwege geben kann. Die D2-Mission rückte immer näher, es war nur noch ein gutes Jahr bis zum geplanten Start, und damit stand auch die Entscheidung an, wer zur Flugmannschaft gehören sollte und wer als Ersatzperson auf dem Boden zurückbleiben musste. Wir wussten, dass wir beobachtet wurden. Plötzlich tauchten Vertreter des Management-Teams bei Trainingseinheiten im Spacelab-Simulator auf, etwas, was es zuvor so gut wie nie gegeben hatte. Die Trainingsabteilung erstellte für jeden von uns eine Beurteilung. Und auch die Wissenschaftler, deren Experimente von den Astronauten bedient werden sollten, gaben ein Votum zu uns ab. Vielleicht waren auch noch andere Gruppierungen dabei, das weiß ich jedoch nicht mehr.

Die Entscheidung des Gremiums hat uns an einem Freitagvormittag Hansulrich Steimle vorgelesen, damals Leiter von Crew Operations. Am Nachmittag sollte sie offiziell bekannt gegeben werden. Sie war für mich nicht überraschend, und doch entwich aus mir mit jedem Wort jegliche Energie. Nicht überraschend, weil ich schon vor etwa einem Jahr, nach einem gemeinsamen psychologischen Seminar, zu meiner Frau gesagt hatte: Wenn sie mich fragen, werden Hans und Ulrich fliegen. Einfach weil sie es am meisten wollten, jedenfalls mehr als wir anderen, so war das nach meinem Empfinden. Dieses »Etwas-mehr-Wollen« als andere hatte nichts, aber auch gar nichts mit Ellenbogen, Rücksichtslosigkeit oder Ähnlichem zu tun. Vielleicht kann man es mit einem Fußballspiel vergleichen, wo zwei Mannschaften neunzig Minuten lang ein großartiges Spiel zeigen und trotzdem eine Mannschaft gewinnt, weil sie den Sieg ein kleines bisschen mehr wollte als die andere. Aber hier endet der Vergleich mit dem Fußball, Hans und Ulrich hatten es nicht nötig, einen anderen durch einen Ellbogencheck vorsätzlich anzuknocken, wie das im Fußball schon mal vorkommen soll.

Das Besondere an dieser Entscheidung war, dass es überhaupt nicht klar war, ob es jemals einen weiteren Raumflug geben würde. Die nächste geplante Mission D3 wurde immer unwahrscheinlicher, von anderen schon lange nicht mehr geredet. Es war nicht so unwahrscheinlich, dass diese Entscheidung das Aus für einen Lebenstraum war.

Ich rief meine Frau an und meine Eltern. Und an diesem Freitagnachmittag durften wir schon etwas früher nach Hause gehen. Ob die Kinder spürten, in welcher Verfassung ich war? Ich glaube nicht. Falls sie es wussten – sie hätten es ohnehin nicht einordnen können, wie auch. Ihre Fröhlichkeit war ein pragmatischer Trost. Aber richtig glauben wollte ich es nicht. Unumstößlich wurde es erst, als ich es am Samstagmorgen in der Zeitung las. Dort stand es schwarz auf weiß. Eine halbe Stunde später klingelte das Telefon, am Apparat war Jerry Ross, amerikanischer Astronaut und unser Payload Commander. Er versuchte, mir klarzumachen, dass die Entscheidung für Hans und Ulrich keine Entscheidung gegen mich gewesen sei. Und ich begann darüber nachzudenken, was sich aus den Trümmern Schönes bauen ließe.

Am darauffolgenden Montagmorgen war ich der Astronautenvertreter in der wöchentlichen Besprechung des Managementteams. Hauke Dodeck, der Projektmanager von D2, informierte das etwa 20-köpfige Team, sehr sachlich und ohne eine Bewertung einfließen zu lassen. Als die Besprechung zu Ende ging, bat ich um das Wort: Das war natürlich nicht die Entscheidung, die ich mir erhofft hatte, aber das ganze Team sollte wissen, dass ich in meiner neuen Rolle in gleicher Weise wie bisher mein Bestes geben werde und die Mission und die Crew mit aller Kraft unterstützen werde. Es war Klaus Kramp, der darauf antwortete. Ich erinnere nicht mehr, was er gesagt hat. Aber es fühlte sich gut an.

D2 kam mit Siebenmeilenstiefeln heran, der Umzug in die USA stand bevor, es blieb gar nichts anderes übrig, als volle Fahrt aufzunehmen. Das letzte Training mit der Crew in Houston war beendet, ich würde in zwei Tagen nach Deutschland fliegen, um während der Mission im Kontrollzentrum in Oberpfaffenhofen zu arbeiten. Jerry sagte: »All set. Just one thing needs to be done.« – »What can I do?« – »We need to get you a flight.« Selten habe ich ein größeres Lob erhalten.

Die D2-Mission war ein schöner Erfolg. Und ich bin sicher, dass Heike, Renate und ich in unseren Funktionen im Kontrollzentrum dazu einen ebenso schönen Beitrag geleistet haben. Das richtige Loch kam nach D2. Ein nationales astronautisches Raumfahrtprogramm war nicht in Sicht. Und es war völlig unklar, wie es weitergehen könnte. Ich begann, meine Fühler auch in andere Richtungen auszustrecken. Zurück in die Wissenschaft war kaum möglich, dafür war ich zu lange draußen. Die UN wollte ihr Klimasekretariat von Genf nach Bonn verlegen, vielleicht wäre das eine Möglichkeit. Am Frankfurter Flughafen begegnete ich zufällig dem ehemaligen Forschungsminister Heinz Riesenhuber. Er hatte unsere Astronautengruppe vor fast sechs Jahren der Öffentlichkeit vorgestellt. Heinz Riesenhuber bat mich um einen Brief, den er an die damalige Umweltministerin weiterleiten würde, Angela Merkel. Doch alle Positionen waren schon vergeben, und so verlief dieser Weg im Sande.

Zum Glück. Denn gleichzeitig setzten sich Hansulrich Steimle und Franz Schlude, beide DLR, und in der Deutschen Agentur für Raumfahrtangelegenheiten (DARA) Helmut Brücker in Gesprächen mit der NASA vehement dafür ein, einen DLR-Astronauten in die nächste Astronautenklasse einzuladen. Der Erfolg ihrer Verhandlungen ließ zwar ein Jahr auf sich warten, doch 1996 machte sich die Familie auf, um ein weiteres Mal nach Houston zu ziehen. Franz Schlude verabschiedete mich mit den Worten: »Machen wir uns nichts vor. Sie werden fliegen.« Und so kam es dann auch. Es geht nichts über wunderbare Umwege.

Zuversicht trotz Ungewissheit

 »Was einmal gedacht worden ist, kann nicht zurückgenommen werden«, schrieb der Schweizer Schriftsteller Friedrich Dürrenmatt in seinem Buch »Die Physiker«. Allein deshalb bin ich mir sicher, dass wir mit unserer Initiative »Die Astronautin« schon ein wichtiges Ziel erreicht haben. Denn wir haben auch durch unsere mediale Präsenz eine Debatte angestoßen, Jung und Alt, Frauen und Männern, Mädchen und Jungen gezeigt, dass es auch Frauen gibt, die ins All reisen wollen und können. Vielen in Deutschland war das zuvor nicht unbedingt präsent, wie ich anhand erstaunter Rückfragen an mich immer wieder bemerke.

Jenseits der Geschlechterfrage haben wir schon jetzt als Privatinitiative die europäische Debatte über kommerzielle Raumfahrt belebt und hoffen, dies im Zuge unserer weiteren Finanzierungsbemühungen auch künftig zu tun. Selbst wenn wir in einzelnen Köpfen nur kleine Steine ins Rollen bringen, kann daraus insgesamt ein wahrnehmbarer Effekt entstehen.

Mir wie meinem Vater ist daran gelegen, dass sich die Raumfahrt immer weiterentwickelt – auch die europäische. Diese Entwicklung bedarf aber auch der Veränderung. Je offener wir dabei für verschiedene Ansätze sind, desto mehr Möglichkeiten können wir ausloten.

Dabei geht es für mich nicht nur um die Exploration des Weltalls. Für mich geht es vor allem um ein tieferes Verständnis unserer Erde. Um das tatsächliche Begreifen unserer Heimat. Und hoffentlich dadurch einen massiven Willen, diesen blauen Planeten auch zu schützen – denn das wird uns als ganzer Gesellschaft in den kommenden Jahren durchaus Kraft abverlangen. Und dazu braucht es den gemeinsamen Willen.

Auf Bildern der Erde fasziniert mich das Farbspiel der Kontinente, aber ebenso ihre Wolkenformationen, die Strömungen der Luft, die Polkappen. Als Meteorologin hoffe ich, meinen Teil zu einem besseren Verständnis des Klimawandels beizutragen. Als Astronautin hoffe ich, Antworten auf Fragen näher zu kommen, die mich seit meiner Kindheit beschäftigen: Wo und wozu befinden wir uns im Raum, in diesem Universum? Wenn man es genau betrachtet, wissen wir so gut wie nichts. Wir verlieren uns tagtäglich in unseren Smartphones und E-Mails, kommen uns fortschrittlich vor und schimpfen, wenn unser Flieger Verspätung hat. Wenn man sich vergegenwärtigt, dass sich die Galaxien dann trotzdem weiterdrehen, dass ihnen unsere Alltagsprobleme schnurzegal sind, dann setzt das so manches wieder in eine angemessenere Perspektive.

Schon die Astronauten der 60er- und 70er-Jahre erzählten vom Phänomen des sogenannten »Overview Effect« oder »Orbital Shift«, einem psychologischen Effekt, der einsetzte, wenn sie auf die kleine, zerbrechliche Erde blickten. Sie berichteten von einem globalen Bewusstsein, der Wahrnehmung, dass wir alle zusammengehören und zusammenarbeiten sollten, um Missstände auf dieser Welt zu beheben. Vielleicht ist es mit uns und der Erde wie mit menschlichen Beziehungen: Manchmal ist man einfach zu nah dran, um klar zu sehen. Dann hilft der Blick von außen.

Auf diesen Blick warte ich seit Jahren, seit April 2017 natürlich viel konkreter als in den Jahren davor. Gerade weil ich weiß, wie lange man auf den Flug als ausgebildete Astronautin warten kann – bei meinem Vater lagen zwölf Jahre zwischen seiner Auswahl und seinem ersten Assignment – macht mir die Unsicherheit bezüglich unseres Raumfluges momentan überhaupt nichts aus. Ich genieße das Training und die Möglichkeiten, die Orte meiner Kindheit jetzt unter einem ganz anderen Gesichtspunkt wieder aufsuchen zu dürfen, bei Veranstaltungen andere für die Raumfahrt zu begeistern und besonders die Arbeit mit Kindern im Rahmen unseres Bildungsprogramms. Trotz aller Strapazen lässt sich sogar unser Familienleben mit einem Astronautentraining vereinbaren – das erfüllt mich nahezu täglich mit tiefer Zufriedenheit und Glück.

In den bisherigen Monaten als angehende Astronautin sind uns so viele Menschen begegnet, die unsere Initiative unterstützen. Ich kann mir daher kaum vorstellen, dass der Traum, eine deutsche Frau ins Weltall zu bringen, nicht realisiert werden kann und weder Suzanna noch ich ins All fliegen. Aber vielleicht stellt sich dennoch in drei, vier oder fünf Jahren heraus, dass die Finanzierung nicht zusammenkommt oder dass es keine Möglichkeit gibt, als staatlich unabhängige Initiative eine Astronautin auf die Raumstation zu schicken.

Das Schöne ist: Die Erde wird sich weiter um die Sonne drehen, egal, ob ich ins All fliege oder nicht. Ein Gedanke, der mich immer aufmuntert, so pathetisch er auch klingen mag: Wir sind ohnehin alle als Astronauten gemeinsam auf einem Raumschiff namens Erde auf einer gigantischen Reise durch die unermessliche Weite des Alls. Gemeinsam können wir Grenzen durchbrechen und den Rahmen unserer Möglichkeiten ausdehnen – stets auf einer Reise zu neuen Horizonten.

Ad astra – zu den Sternen!

Danksagung

Der direkte Weg ins All dauert gerade einmal achteinhalb Minuten, der Weg zu einem Buch dauert deutlich länger. Gemeinsam ist beiden, dass sie ohne die Hilfe von vielen nicht möglich wären.

Unser Dank gilt Julia Loschelder, die uns zu diesem Buch ermutigt hat. Deborah Weinbuch, ohne die unsere Ideen, Gedanken und Worte wohl kaum in dieser kurzen Zeit aufs Papier gefunden hätten, und Diana Napolitano, die alles in eine gute Form gegossen hat.

Ein riesiges Dankeschön auch an die Leserinnen und Leser – wir hoffen sehr, dass unsere Leidenschaft für diesen Beruf, aber auch für die Raumfahrt im Allgemeinen auf den vorherigen Seiten transportiert werden konnte.

Justo Polido und Familie Benkhäuser danken wir für Pinselstriche und unermüdliche Beratung, besonders in den letzten Nächten.

 Das Buch wäre nicht möglich gewesen ohne Freunde und Weggefährten, die uns über Jahre und Jahrzehnte in unterschiedlichster Weise begleitet haben. Auf dem langen Weg vom Fußgänger zum Astronauten habe ich von vielen Kolleginnen und Kollegen gelernt – und mehr gelernt als nur das vordergründig Wichtige. Danke an Andreas Schön, Norbert Illmer und, später, Rüdiger Seine. Ich danke Hajo Blome für viele Diskussionen über Gott und die Welt und Einsichten, die an manchen Stellen dieses Buch geprägt haben. Und ganz besonders danke ich »meinem HSO-K Team«, mit dem ich meine berufliche Laufbahn bei der ESA beschlossen habe.

 Am 30.4.2016 habe ich meine Bewerbung an »Die Astronautin« geschickt und nicht im Traum daran gedacht, dass ich zwei Jahre später eine Danksagung für ein Buch verfasse, auf dem mein Name gedruckt ist – der meines Vaters noch mit dazu!

Ein besonderer Dank geht an dieser Stelle an Claudia Kessler – für die Idee, »einfach so« eine Wissenschaftsastronautin ins All zu schicken, und für die Energie, die sie unermüdlich in die Initiative »Die Astronautin« steckt. Ohne sie und ihren Mut gäbe es dieses Buch nicht, ohne sie wäre mein Traum weiterhin Plan C oder D oder E, und ich bin ihr zutiefst dankbar dafür, als Astronautin trainieren zu dürfen.

Für offene Fragen:

Facebook: facebook.com/imteich

Instagram/Twitter: astro_insa

Anhang

Frauen im All

1963	
Valentina **Tereschkowa** Sowjetunion *6.3.1937	• Vostok 6: 16. – 19. Juni 1963, (Alter: 26 Jahre) → umkreiste 48-mal die Erde
1982	
Swetlana **Sawizkaja** Sowjetunion *8.8.1948	• Sojus T-7/T-5: 19. – 27. August 1982 auf Raumstation Saljut 7, (Alter: 34 Jahre) • Sojus T-12: 17. – 29. Juli 1984 auf Raumstation Saljut 7 → führte den ersten Weltraumausstieg einer Frau durch
1983	
Sally Ride USA *26.5.1951, †23.7.2012	• STS-7: 18. – 24. Juni 1983, Raumfähre Challenger, (Alter: 32 Jahre) → erste Amerikanerin im All • STS-41-G: 5. – 13. Oktober 1984, Raumfähre Challenger

1984

Judith Resnick USA *5.4.1949, †28.1.1986	• STS-41-D: 30. August – 5. September 1984, Raumfähre Discovery, (Alter: 35 Jahre) • STS-51-L: 28. Januar 1986, Raumfähre Challenger
Kathryn Dwyer »Kathy« Sullivan USA *3.10.1951	• STS-41-G: 5. – 13. Oktober 1984, Raumfähre Challenger, (Alter: 33 Jahre) • STS-31: 24. – 29. April 1990, Raumfähre Discovery • STS-45: 24. März – 2. April 1992, Raumfähre Atlantis
Anna Lee Tingle Fisher USA *24.8.1949	• STS-51-A: 8. – 16. November 1984, Raumfähre Discovery, (Alter: 35 Jahre) → erste Mutter im All

1985

Margaret Rhea
Seddon
USA
*8.11.1947
	• STS-51-D: 12. – 19. April 1985, Raumfähre Discovery,
	  (Alter: 38 Jahre)
	• STS-40: 5. – 14. Juni 1991, Raumfähre Columbia
	• STS-58: 18. Oktober – 1. November 1993, Raumfähre
	  Columbia

Matilda Shannon
Wells Lucid
USA
*14.1.1943
	• STS-51-G: 17. – 24. Juni 1985, Raumfähre Discovery,
	  (Alter: 42 Jahre)
	• STS-34: 18. – 23. Oktober 1989, Raumfähre Atlantis
	• STS-43: 2. – 11. August 1991, Raumfähre Atlantis
	• STS-58: 18. Oktober – 1. November 1993, Raumfähre
	  Columbus
	• STS-76/STS-79: 22. März – 26. September 1996,
	  Raumstation Mir; insgesamt 188 Tage, hin/zurück
	  mit Atlantis

Bonnie Jeanne
Dunbar
USA
*3.3.1949
	• STS-61-A: 30. Oktober – 6. November 1985, Raumfähre
	  Challenger, (Alter: 36 Jahre)
	→ die erste Spacelab-Mission in deutscher
	  Verantwortung (D1-Mission)
	• STS-32: 9. – 20. Januar 1990, Raumfähre Columbia
	• STS-50: 25. Juni – 9. Juli 1992, Raumfähre Columbia
	• STS-71: 27. Juni – 7. Juli 1995, Raumfähre Atlantis
	• STS-89: 23. – 31. Januar 1998, Raumfähre Endeavour

Mary Louise Cleave USA *5.2.1947	• STS-61-B: 27. November – 3. Dezember 1985, Raumfähre Atlantis, (Alter: 38 Jahre) • STS-30: 4. – 8. Mai 1989, Raumfähre Atlantis
1986	
Sharon Christa McAuliffe USA *2.9.1948, †28.1.1986	• STS-51-L: 28. Januar 1986, Raumfähre Challenger, (Alter: 38 Jahre)
1989	
Ellen Louise Shulman Baker USA *27.4 1953	• STS-34: 18. – 23. Oktober 1989, Raumfähre Atlantis, (Alter: 36 Jahre) • STS-50: 25. Juni – 9. Juli 1992, Raumfähre Columbia • STS-71: 27. Juni – 7. Juli 1995, Raumfähre Atlantis
Kathryn Ryan Cordell Thornton USA *17.8.1952	• STS-33: 23. – 28. November 1989, Raumfähre Discovery, (Alter: 37 Jahre) • STS-49: 7. – 16. Mai 1992, Jungfernflug der Raumfähre Endeavour • STS-61: 2. – 13. Dezember 1993, Raumfähre Endeavour • STS-73: 20. Oktober – 5. November 1995, Raumfähre Columbia
1990	
Marsha Sue Ivins USA *15.4.1951	• STS-32: 9. – 20. Januar 1990, Raumfähre Columbia, (Alter: 39 Jahre) • STS-46: 31. Juli – 8. August 1992, Raumfähre Atlantis • STS-62: 4. – 18. März 1994, Raumfähre Columbia • STS-81: 12. – 22. Januar 1997, Raumfähre Atlantis • STS-98: 7. – 20. Februar 2001, Raumfähre Atlantis
1991	
Helen Patricia Sharman Großbritannien *30.5.1963	• Sojus TM-12/TM-11: 18. – 26. Mai 1991, Raumstation Mir, (Alter: 28 Jahre)

Tamara Elizabeth
»Tammy« Jernigan
USA
*7.5.1959
	• STS-40: 5. – 14. Juni 1991, Raumfähre Columbia,
	  (Alter: 32 Jahre)
	• STS-52: 22. Oktober – 1. November 1992, Raumfähre
	  Columbia
	• STS-67: 2. – 18. März 1995, Raumfähre Endeavour
	• STS-80: 19. November – 7. Dezember 1996, Raumfähre
	  Columbia
	• STS-96: 27. Mai – 6. Juni 1999, Raumfähre Discovery

1992	
Roberta Lynn Bondar Kanada, Ukrainerin *4.12.1945	• STS-42: 22. – 30. Januar 1992, Raumfähre Discovery, (Alter: 46 Jahre)
Nancy Jan Davis USA *1.11.1953	• STS-47: 12. – 20. September 1992, Raumfähre Endeavour, (Alter: 38 Jahre) • STS-60: 3. – 11. Februar 1994, Raumfähre Discovery • STS-85: 7. – 19. August 1997, Raumfähre Discovery
Mae Carol Jemison USA *17.10.1956	• STS-47: 12. – 20. September 1992, Raumfähre Endeavour, (Alter: 35 Jahre)
1993	

Susan Jane »Sue«
Helms
USA
*26.2.1958
	• STS-54: 13. Januar 1993, Raumfähre Endeavour,
	  (Alter: 34)
	• STS-64: 9. – 20. September 1994, Raumfähre Discovery
	• STS-78: 20. Juni – 7. Juli 1996, Raumfähre Columbia
	• STS-101: 19. – 29. Mai 2000, Raumfähre Atlantis
	• STS-102/105: 8. März – 22. August 2001, ISS-Expedition 2,
	  167 Tage, hin/zurück mit Raumfähre Discovery
	  → längster Weltraumspaziergang einer Frau

Ellen Lauri Ochoa USA *10.5.1958	• STS-56: 8. – 17. April 1993, Raumfähre Discovery, (Alter: 34 Jahre) • STS-66: 3. – 14. November 1994, Raumfähre Atlantis • STS-96: 27. Mai – 6. Juni 1999, Raumfähre Discovery • STS-110: 8. – 19. April 2002, Raumfähre Atlantis

Janice Elaine Voss USA *8.10.1956, †6.2.2012	• STS-57: 21. Juni – 1. Juli 1993, Raumfähre Endeavour, (Alter: 37 Jahre) • STS-63: 3. – 11. Februar 1995, Raumfähre Discovery • STS-83: 4. – 8. April 1997, Raumfähre Columbia → Die Mission musste aufgrund eines Problems mit einer Brennstoffzelle frühzeitig nach vier Tagen beendet werden. Sie wurde drei Monate später mit der gleichen Besatzung wiederholt. • STS-94: 1. – 17. Juli 1997, Raumfähre Columbia • STS-99: 11. – 22. Februar 2000, Raumfähre Endeavour
Nancy Jane Currie-Gregg USA *29.12.1958	• STS-57: 21. Juni – 1. Juli 1993, Raumfähre Endeavour, (Alter: 34 Jahre) • STS-70: 13. – 22. Juli 1995, Raumfähre Discovery • STS-88: 4. – 16. Dezember 1998, Raumfähre Endeavour • STS-109: 1. – 12. März 2002, Raumfähre Columbia
1994	
Chiaki Mukai Japan *6.5.1952	• STS-65: 8. – 23. Juli 1994, Raumfähre Columbia, (Alter: 42 Jahre) • STS-95: 29. Oktober – 7. November 1998, Raumfähre Discovery → erste Japanerin im All
Jelena Wladimirowna Kondakowa Russland *30.3.1957	• Sojus TM-20: 3. Oktober 1994 – 22. März 1995, Raumstation Mir, 169 Tage, (Alter: 37 Jahre) • STS-84: 15. – 24. Mai 1997, Raumfähre Atlantis
1995	
Eileen Marie Collins USA *19.11.1956	• STS-63: 3. – 11. Februar 1995, Raumfähre Discovery, (Alter: 39 Jahre) • STS-84: 15. – 24. Mai 1997, Raumfähre Atlantis zur Raumstation Mir • STS-93: 23. – 28. Juli 1999, Raumfähre Columbia, Kommandantin → erste Frau, die ein Shuttle kommandierte • STS-114: 26. Juli – 9. August 2005, Raumfähre Discovery, Kommandantin

Wendy Barrien Lawrence USA *2.7.1959	• STS-67: 2. – 18. März 1995, Raumfähre Endeavour, (Alter: 35 Jahre) • STS-86: 26. September – 6. Oktober, 1997, Raumfähre Atlantis • STS-91: 2. – 12. Juni 1998, Raumfähre Discovery • STS-114: 26. Juli – 9. August 2005, Raumfähre Discovery
Mary Ellen Weber USA *24.8.1962	• STS-70: 13. – 22. Juli 1995, Raumfähre Discovery, (Alter: 33 Jahre) • STS-101: 19. – 29. Mai 2000, Raumfähre Atlantis
Catherine Grace »Cady« Coleman USA *14.12.1960	• STS-73: 20. Oktober – 5. November 1995, Raumfähre Columbia, (Alter: 35 Jahre) • STS-93: 23. – 28. Juli 1999, Raumfähre Columbia • Sojus TMA-20: 15. Dezember 2010 – 24. Mai 2011, ISS-Expeditionen 26 und 27, insgesamt 159 Tage
1996	
Claudie Haigneré Frankreich *13.5.1957	• Sojus TM-24/23: 17. August – 2. September 1996, Raumstation Mir, (Alter: 39 Jahre) • Sojus TM-33/32: 21. – 31. Oktober 2001, ISS
1997	
Susan Still Kilrain USA *24.10.1961	• STS-83: 4. –8. April 1997, Raumfähre Columbia, (Alter: 35 Jahre) → Die Mission musste aufgrund eines Problems mit einer Brennstoffzelle frühzeitig nach vier Tagen beendet werden. Sie wurde drei Monate später mit der gleichen Besatzung wiederholt. • STS-94: 1. – 17. Juli 1997, Raumfähre Columbia
Kalpana Chawla Indien, USA *1.7.1961, †1.2.2003	• STS-87: 19. November – 5. Dezember 1997, Raumfähre Columbia, (Alter: 36 Jahre) • STS-107: 16. Januar – 1. Februar 2003, Raumfähre Columbia
1998	
Kathryn Patricia »Kay« Hire USA *26.8.1959	• STS-90: 17. April – 3. Mai 1998, Raumfähre Columbia, (Alter: 39 Jahre) • STS-130: 8. – 22. Februar 2010, Raumfähre Endeavour

Janet Lynn Kavandi USA *17.7.1959	• STS-91: 2. – 12. Juni 1998, Raumfähre Discovery, (Alter: 39 Jahre) • STS-99: 11. – 22. Februar 2000, Raumfähre Endeavour • STS-104: 12. – 25. Juli 2001, Raumfähre Atlantis
1999	
Julie Payette Kanada *20.10.1963	• STS-96: 27. Mai – 6. Juni 1999, Raumfähre Discovery, (Alter: 35 Jahre) • STS-127: 15. – 31. Juli 2009, Raumfähre Endeavour
2000	
Pamela Ann Melroy USA *17.9.1961	• STS-92: 11. – 24. Oktober 2000, Raumfähre Discovery, (Alter: 39 Jahre) • STS-112: 7. – 18. Oktober 2002, Raumfähre Atlantis • STS-120: 23. Oktober – 7. November 2007, Raumfähre Discovery → zweite Frau, die ein Shuttle kommandierte
2002	
Peggy Annette Whitson USA *9.2.1960	• STS-111/113: 5. Juni – 7. Dezember 2002), ISS-Expedition 5, 186 Tage, (Alter: 42 Jahre), hin/zurück: Raumfähre Endeavour • Sojus TMA-11: 10. Oktober 2007 – 19. April 2008, ISS-Expedition 16, 192 Tage → erste Kommandantin der ISS • Sojus MS-03/MS-04: 17. November 2016 – 3. September 2017, ISS-Expeditionen 50, 51 und 52, insgesamt 289 Tage → erneut Kommandantin der ISS → insgesamt 667 Tage im All, mehr als jede andere Frau
Sandra Hall Magnus (USA), *30.10.1964	• STS-112: 7. – 18. Oktober 2002, Raumfähre Atlantis, (Alter: 37 Jahre) • STS-126/119: 14. November 2008 – 28. März 2009, ISS-Expedition 18, 134 Tage → hin/zurück: Endeavour/Discovery • STS-135: 8. – 21. Juli 2011, Raumfähre Atlantis → letzter Flug einer amerikanischen Raumfähre

2003

Laurel Blair Salton Clark USA *10.3.1961, †1.2.2003	• STS-107: 16. Januar – 1. Februar 2003, Raumfähre Columbia, (Alter: 41 Jahre) ————

2006

Stephanie Diana Wilson USA *27.9.1966	• STS-121: 4. – 17. Juli 2006, Raumfähre Discovery, (Alter: 39 Jahre) • STS-120: 23. Oktober – 7. November 2007, Raumfähre Discovery • STS-131: 5. – 20. April 2010, Raumfähre Discovery
Lisa Nowak USA *10.5.1963	• STS-121: 4. – 17. Juli 2006, Raumfähre Discovery, (Alter: 43 Jahre)
Heidemarie Martha Stefanyshyn-Piper USA *7.2.1963	• STS-115: 9. – 21. September 2006, Raumfähre Atlantis, (Alter: 43 Jahre) • STS-126: 15. – 30. November 2008, Raumfähre Endeavour
Anousheh Ansari Iran, USA *12.9.1966	• Sojus TMA-9/8: 18. – 23. September 2006, ISS, (Alter: 40 Jahre) → erste »Weltraumtouristin«
Sunita Lyn Williams USA *19.9.1965	• STS-116/117: 10. Dezember 2006 – 22. Juni 2007, ISS-Expeditionen 14 und 15, insgesamt 195 Tage, (Alter: 41 Jahre), hin/zurück: Discovery/Atlantis • Sojus TMA-05M: 15. Juli – 19. November 2012, ISS-Expeditionen 32 und 33, insgesamt 127 Tage → zweite ISS-Kommandantin
Joan Elizabeth Miller Higginbotham USA *3.8.1964	• STS-116: 10. – 22. Dezember 2006, Raumfähre Discovery, (Alter: 42 Jahre)

2007	
Tracy Caldwell Dyson USA *14.8.1969	• STS-118: 8. – 21. August 2007, Raumfähre Endeavour, (Alter: 38 Jahre) • Sojus TMA-18: 2. April – 25. September 2010, ISS-Expeditionen 23 und 24, insgesamt 176 Tage
Barbara Radding »Barb« Morgan (US-Amerikanerin), *28.11.1951	• STS-118: 8. -21. August 2007, unterrichtete aus dem Weltraum, wie es 20 Jahre zuvor für Christa McAuliffe geplant war; (Alter: 55 Jahre)
2008	
Yi So-yeon Südkorea *2.6.1978	• Sojus TMA-12/TMA-11: 8. – 19. April 2008, ISS, (Alter: 29 Jahre)
Karen Lujean Nyberg USA *7.10.1969	• STS-124: 31. Mai – 14. Juni 2008, Raumfähre Discovery, (Alter: 39 Jahre) • Sojus TMA-09M: 28. Mai – 11. November 2013, ISS-Expeditionen 36 und 37, insgesamt 166 Tage
2009	
Katherine Megan McArthur USA *30.8.1971	• STS-125: 11. – 24. Mai 2009, Raumfähre Atlantis, (Alter: 38 Jahre)
Nicole Marie Passono Stott USA *19.11.1962	• STS-128/129: 28. August – 27. November 2009, ISS-Expeditionen 20 und 21, insgesamt 90 Tage, (Alter: 47 Jahre), hin/zurück: Discovery/Atlantis • STS-133: 24. Februar – 9. März 2011, Raumfähre Discovery
2010	
Dorothy Metcalf-Lindenburger USA *15.5.1975	• STS-131: 5. – 20. April 2010, Raumfähre Discovery, (Alter: 35 Jahre)

Naoko Yamazaki Japan *27.12.1970	• STS-131: 5. – 20. April 2010, Raumfähre Discovery, (Alter: 40 Jahre)
Shannon Walker USA *4.6.1965	• Sojus TMA-19: 15. Juni – 26. November 2010, ISS-Expeditionen 24 und 25, insgesamt 163 Tage, (Alter: 45 Jahre)
2012	
Liu Yang China *6.10.1978	• Shenzhou 9: 16. – 29. Juni 2012, Raumstation Tiangong-1, (Alter: 33 Jahre → erste Chinesin im All
2013	
Wang Yaping China *27.1.1980	• Shenzhou 10: 11. – 26. Juni 2013, Raumstation Tiangong-1, (Alter: 33 Jahre)
2014	
Jelena Olegowna Serowa Russland *22.4.1976	• Sojus TMA-14M: 25. September 2014 – 12. März 2015, ISS-Expeditionen 41 und 42, insgesamt 167 Tage, (Alter: 36 Jahre)
Samantha Cristoforetti Italien *26.4.1977	• Sojus TMA-15M: 23. November 2014 – 11. Juni 2015, ISS-Expeditionen 42 und 43, insgesamt 200 Tage (Alter: 37 Jahre) → längster Aufenthalt einer Frau
2016	
Kathleen Hallisey Rubins USA *14.10.1978	• Sojus MS-01: 7. Juli – 30. Oktober 2016, ISS- Expeditionen 48 und 49, insgesamt 115 Tage, (Alter: 38 Jahre)

Das Start- und Landedatum der Missionen entspricht »Universal Time«. Deswegen kann das Datum bei einigen Fällen von anderen Angaben abweichen, die sich auf die lokale Zeit des Start- oder Landeortes beziehen.

Zum Weiterlesen

Zur Initiative
dieastronautin.de

**Luft- und
Raumfahrtorganisationen**
dlr.de
esa.int
nasa.gov
en.roscosmos.ru
asc-csa.gc.ca

**Weltraumpolitik und
-koordination**
espi.or.at/
unoosa.org

**Populäre Wissenschafts- und
Raumfahrtseiten**
spaceflightnow.com
spaceref.com
astronautinsights.com
space.com
spacetoday.net
scienceabc.com
iflscience.com
popsci.com

**Biologische und medizinische
Studien**
ncbi.nlm.nih.gov
nature.com

Frauen im Beruf
statistik.arbeitsagentur.de
editionf.com

Stereotype
implicit.harvard.edu/implicit/

Raumfahrtunternehmen
airbus.com
ohb.de
spacex.com
boeing.com